수학의 약도

김성재 지음

www.mathlove.co.kr

책머리에...

수학의 미로를 걷는 고등학생들에게 '수학의 약도'를 제시하기 위해 이 책을 쓴다. 수학을 잘 하기 위해선 수학을 보는 눈(수학눈)이 밝아야 한다. 마치 길눈이 밝은 사람이 길을 잘 찾아갈 수 있는 것처럼, 수학눈이 밝은 사람은 수학의 미로를 잘 헤쳐 나갈 수 있다. 수학눈은 문제를 분석할 수 있게 하고 풀이의 실마리 찾기에 많은 도움을 주기 때문이다. 수학눈이 길눈과 다른 것은 길눈보다 훨씬 더 쉽게 개발될 수 있다는 것이다. 이 책에선 수학문제를 3단계8요소로 분석하고 그 바탕 위에 수학의 약도를 제시함으로써, 여러분이 수학눈을 쉽게 개발할 수 있게 했다.

수학은 기본개념을 이해하고 유형을 파악함으로써 정복될 수 있다고 많은 사람들이 믿고 있다. 하지만 이 믿음은 유형을 파악하고 각 유형에 따른 풀이 법을 암기하기 위해 학생들에게 필요 이상의 많은 경험과 시간을 요구한다. '어려운 수학 참고서를 처음부터 끝까지 세 번 풀었다' 라든지 '네 종류의 다른 수학 참고서를 풀어봤다' 라고 말하는 학생을 드물지 않게 볼 수 있는데, 수학이 암기과목이 되어버린 것에 대한 명확한 증거이다. 어려운 참고서를 세 번씩 풀거나 네 종류의 다른 수학 참고서를 풀 시간과 열정을 갖지 못한 학생들에겐 수학이 어렵게 보일 것이고, 수학문제를 대하는 순간 미로에 빠진 느낌을 감추지 못할 것이다. 이런 현상은 수학을 잘하기 위해서는 기념 이해와 유형 파악 외에 문제의 분석력이 뒷받침되어야 한다는 사실을 간과하고 있기 때문이다. 여러분은 이 책을 통해 수학눈을 밝게 하고 문제를 분석하는 능력을 갖추어, 미로의 출구(문제 해결 실마리)를 쉽게 찾아갈 수 있게 될 것이다. 또한, 수학은 암기과목이 아니라는 것을 알게 되고, 수학 공부에 투자하는 시간을 대폭 줄이고도 더 좋은 성적을 얻을 수 있을 것이다. 이제 수학에 자신감을 가져도 좋다.

2008년 7월

김 성 재

차 례

제 1 장 수학은 기술(技術)이다   7
    1.1 적절한 길잡이   9
    1.2 수학은 단지 어렵게 보일 뿐   10
    1.3 작은 가슴으로 세상을 안다   12

제 2 장 수학이 한 눈에 들어온다   15
    2.1 수학의 기호는 약속   15
    2.2 문제풀이의 노하우는 문제 속에   17

제 3 장 수학의 약도(略圖)를 그리자   29
    3.1 길눈과 수학눈   29
    3.2 3단계 수학: 수학의 약도(略圖) 만들기   33
       3.2.1 첫 번째 단계: '문제이해'에 필요한 요소들   37
       3.2.2 두 번째 단계: '실마리찾기'에 필요한 요소들   42
       3.2.3 세 번째 단계: '풀이이행'에 필요한 요소들   48
    3.3 온전과 약도   59

제 4 장 수학을 운전(運轉)하자: 3단계 8요소의 응용 63

- **4.1** 중얼거리며 문제풀기   66
  - **4.1.1** 대수적인(Algebraic) 문제들   67
  - **4.1.2** 기하적인 (Geometric) 문제들   75
- **4.2** 실마리 예시   83
- **4.3** 풀이와 해설   85

제 5 장 수학 10가/나 실전문제들   103

- **5.1** 중얼거리며 문제풀기   104
  - **5.1.1** 나머지정리   105
  - **5.1.2** 이차방정식   108
  - **5.1.3** 이차부등식   110
  - **5.1.4** 직선의 방정식   115
  - **5.1.5** 원의 방정식   118
  - **5.1.6** 이차함수   122
  - **5.1.7** 삼각함수   126
  - **5.1.8** 순서도   134
- **5.2** 실마리 예시   139
- **5.3** 풀이와 해설   141

제 6 장 맺음말   159

- **6.1** 가슴에 그리는 3차원 지도   160
- **6.2** 이 책의 근간을 이루는 교육이론   162

참고문헌   166
찾아보기   167

제1장
수학은 기술(技術)이다

"학창시절 수학을 좋아하셨습니까?"

컨설팅 일을 하며 만났던 사람들에게 한 질문이다. 85퍼센트 정도가 아니라고 대답했다. 처음부터 어려웠다는 사람들이 가장 많았고, 고등학교에 가서 흥미를 잃었다는 답이 그 다음이었다. 이런 대답을 들을 때마다, "수학을 잘 하지 못한 것은 당신의 잘못이 아닙니다. 수학을 어렵게 만든 사람들이 죄인이죠."라고 말해주곤 했다. 나에게 자문을 구했던 사람들은 무엇보다 일에 열정적이고 인간적으로도 매력이 넘치는 나름대로 성공한 사업가들이었다. 그렇게 열정적인 사람들에게도 수학은 어려웠나 보다.

그럼, 수학은 왜 어려울까? 여러분은 다음과 같은 경험을 했을

것이다: '선생님이 풀어준 문제들의 풀이과정을 이해했음에도, 정작 혼자서 문제를 풀려고 하면, 문제가 말하고 있는 것이 무엇인지 이해가 안 되거나 문제풀이를 어디서부터 시작해야 할지 몰라 당황했던 순간들.' 이 경험이 수학을 어려운 과목으로 만들어버린 이유가 아닐까.

이 책은 보통의 수학 참고서가 아니다. 수학의 미로를 걷고 있는 중학교 3학년생과 고등학생 (특히 고 1~2)을 위해 '수학의 약도(略圖)'를 그려 주려는 것이 목적이다. 이 책에서 나는, 수학문제를 이해하고 해결함에는 몇 가지 중요한 단계와 요소가 있음을 이야기하고, 이를 정리하여 『3단계 8요소 풀이법』이라는 수학의 약도를 제시할 것이다. 여러분은, 이 약도를 갖고 수학문제에 대한 분석 능력을 기르고 문제풀이의 시작점을 효과적으로 찾는 방법을 배우게 될 것이다.

지금까지 여러분은 많은 문제를 풀어보고 문제의 패턴을 외우는 공부를 했을 것이다. 하지만, 이러한 주입식 학습방법은 필요 이상의 피와 땀을 요구할 뿐 아니라, 알고 있는 패턴에 맞추지 못하면 유사한 문제마저 생소하고 어렵게 느껴지게 한다. 이는 고등학교 1~2학년 때 수학을 포기하는 원인 중의 하나이고 이공계대학 진학을 원하면서도, 이공계를 포기, 문과를 선택하는 계기가 되기도 한다. 이런 안타까움을 해소할 수 있도록 도와주는 것이 이 책의 바람이다. 이 책의 새로운 수학의 접근방법은, 여러분에게 '수학을 보는 눈'(수학눈)을 갖게 하여 훨씬 작은 땀으로 수학의 미로를 쉽게 빠져나갈 수 있게 할 것이다. 수학에 자신 없는 학생뿐 아니라 수학을 잘하는 학생에게도 큰 도움이 될 것이다. 그리고 학교에서 수학을 가르치는 선생님과 수학이나 수학교육을 연구하는 연구원에 이르기까지 이 책에서 배울 것이 있으리라 믿는다.

수학은 쉬운 것이 아니지만 결코 어려운 것도 아니다. 수학도 기술이기 때문에 기술적 본질을 이해하면 잘 할 수 있다. 이 책을 읽고, "나는 어학은 잘하지만 수학은 못해!"라고 하기보다, "나는 어학을 잘하니까 수학도 잘 할 수 있어!"라는 식으로 말할 수 있는 학생이 나온다면 여간 다행이 아니겠는가.

1.1 적절한 길잡이

이 책에서 우리는 수학은 기술임을 알게 될 것이다. 통상적으로 볼 때, 기술은 지식과 방법을 요구한다. 지식은 많을수록 좋지만, 많다는 것보다 더 중요한 것은 노하우라고 불리는 독창성 또는 비밀스러움이다. 대중적인 지식은 시대가 바뀌면 새로운 지식으로 대체되고, 어제의 귀중한 지식이 이미 가치가 없어 보인다. 지금처럼 급변하는 사회에서는 더욱 그렇다. 하지만 비밀스러움은 늘 비밀스러움이며, 뛰어난 기술의 원천이 된다. 그럼, 수학이라는 기술은 어떤 비밀스러움을 요구할까? 바꿔 말하면, 어떠한 비밀스러움이 수학에 약한 학생들을 쉽게 따라갈 수 있게 만들까?

위의 질문에 많은 여러분의 귀가 솔깃했을 것이다. 하지만, 그 답을 내가 혼자 말로 해서 될 일이 아니다. 비유하건대, 요리법을 잘 안다 하여 음식 솜씨가 좋은 것은 아니다. 요리법을 아무리 잘 알아도 여러분의 손끝에 녹아들어 맛을 내기 까지는 많은 숙련과 경험이 필요하다. 수학에 있어서도 그 공부법을 많이 안다 하여 수학을 잘 하는 것은 아니다.

내가 수학을 공부하고 연구하고 가르치며 터득한 것은, 수학을 잘 하기 위해서는 적절한 길잡이와 땀이 필요하며 길잡이를 어떻게 잡느냐에 따라 땀의 효과가 크게 달라질 수 있다는 것이다. 그래서 여러분이 먼저 해야 할 일은, 여러분에게 잘 어울리는 길잡이를 선택하는 것이다. 마치 먼 길을 운전할 사람이 스스로의 구미에 맞는 약도(略圖)를 그리는 것처럼.

1.2 수학은 단지 어렵게 보일 뿐

수학학습은 풀이를 이해하고 유사성과 관련성을 통해 문제의 해결 실마리(clue)를 찾는 방법을 숙지해가는 과정이라 해도 과언이 아니다. 물론 문제를 풀기 위해서는 문제가 무엇을 묻고 있으며 조건과 자료는 무엇인지에 대한 이해 (문제이해)가 반드시 필요하다.

문제이해 없이는 문제 해결의 실마리를 찾기 어려울 뿐 아니라, 실마리 없이 문제를 성공적으로 풀기 어렵다. 많은 학생들이 어려움을 겪고 있는 것은, 눈앞에 주어진 문제에 대한 이해가 부족하거나 해결 실마리를 찾지 못 한데서 비롯된다. 수학이 어렵다고 할 때, 대부분의 경우 문제의 해결 실마리를 스스로 찾을 수 없음을 의미한다.

일단 실마리를 찾고 나면, 문제를 푸는 것은 식은 죽 먹기인 경우가 많다. 여러분은 이런 경험이 있을 것이다. 어려운 문제를 들고 고심하다 누군가가 그 문제의 풀이를 시작한 순간, 아이디어가 섬광처럼 스치며 더 이상 풀이과정을 보거나 듣지 않아도 되는 경험…… 이런 관점에서 본다면 수학을 가르치는 것은 풀이과정을 보여주는 것만이 전부는 아니다. 더 중요한 것은 해결 실마리를 찾는 능력 즉 '수학눈'을 길러주는 것이다.

어려운 문제를 척척 풀어내기 위해선, 체계적이고 과학적인 분석을 통한 문제이해와 실마리찾기 훈련을 쌓아야 한다. 여기에 수학의 기술적 측면이 있고, 그 기술적 측면을 여러분에게 보여주려는 것이 이 책의 일차적인 목적이다. 우리는 수학문제의 풀이를 운전이나 약도를 그리는 일에 비유하고, 이를 근거로 문제의 분석방법을 생각할 것이다. 많은 다른 과목이 쉽지 않듯, 수학도 쉽지 않다. 하지만, 수학의 기술적 측면을 배우고 나면, 어렵다고 힘주어 말할 만한 것은 못 된다. 다만 어렵게 보일 뿐이다.

1.3 작은 가슴으로 세상을 안다

공부에서뿐 아니라 스포츠, 예술, 문학, 사업 등의 사회전반에 두루 중요한 역할을 하고 있는 것은 상상력과 마음을 여는 것(마음열음)이다. 어느 분야에서나 성공하기 위해선, 마음을 크게 열고 주어진 문제에 대한 상황을 구체적인 모습으로 기획할 수 있어야 한다. 문을 열지 않고 밖으로 드나들 수 없듯, 마음의 문을 열지 않고는 사고가 세상 밖으로 뛰쳐나갈 수 없다. 그래서 마음열음은 무엇보다도 중요한 일이다.

수학문제를 해결함에 있어서도 같은 원리가 적용된다. 무조건 도전하고 집념을 보인다 하여 문제가 풀리는 것은 아니다. 문제를 분석하고 해결 실마리를 찾을 수 있어야 한다. 여기에 마음을 열어야 하는 이유가 있다. 마음을 열고 유연한 생각으로 문제의 여러 측면을 조목조목 따져보고, 식 변형을 통해 관련성을 찾고, 문제 상황을 그림으로 그려 보거나 상상해 봄으로써 해결 실마리를 효과적으로 찾을 수 있다.

마음열음과 상상력 증진을 위해 여러분에게 독서를 권하고 싶다. 그 중에서도 '시(詩) 읽기' 시를 여러분에게 권하는 이유는 두 가지이다. 첫째, 시는 여러분에게 상상의 날개를 펴게 한다. 시를 읽으며 무한한 우주를 거닐어 보거나 아름다운 장면을 상상하는 것은, 여러분에게 유익한 시간이자 기분전환의 기회가 될 것이다. 내 경험에 의하면, 5분 정도의 시적 상상은 1시간 정도의 수면효과가 있다. 나는 하루에 4시간 정도의 잠을 자며 연구에 몰두하고, 힘겨움을 느낄 때면 눈을 감고 상상의 날개를 편다. 홀로 호숫가를 걷거나, 종유굴처럼 어두운 곳에서 우주를 발견하거나, 정겨운 사람과 함께 아름다운 시간을 보내기도 한다. 이런 상상은 늘 활력을 준다.

시 읽기를 추천하는 다른 이유는, 시간의 효율적인 활용이다. 독서, 여행, 영화는 여러분의 상상력 증진에 도움이 된다. 하지만 여러분은 대학입시라는 관문 앞에서 바쁘다. 시간을 작게 들이고 큰 효과를 거둘 수 있는 것으로, 그리고 늘 가까이 할 수 있는 것으로, 시가 제격일 것이다. 명시선집이나 좋아하는 시인의 시집을 시간 나는 대로 읽길 바란다. 그리고 상상의 날개를 펴고 작은 가슴을 활짝 열어 세상을 안아보라.

서설이 좀 길었다. 이 책의 일차적인 목적은 여러분에게 수학문제를 효과적으로 풀기 위한 사고방법을 가르쳐주려는 것이지만, 내가 진녕 원하는 것은 여러분의 가슴에 꿈을 심어주는 것이나. 나는 여러분에게 공부 잘하라고 강요하지 않겠다. 공부를 하는 이유는 상상력을 뒷받침해줄 지식과 사고력을 기르기 위함이지만, 성공도 행복도 성적순이 아니기 때문이다. 다음과 같은 우스갯소리가 있다. A학점 학생은 학계(Academia)로 가고, B학점 학생은 사업(Business)을 하고, C학점 학생은 돈(Cash)을 많이 벌거라고.

이 책은 다음과 같이 구성되어 있다. 먼저 수학을 새롭게 발견하게 할 수 있는 사고방식과 마음열음을 도와줄 예제를 다루고 (2장), 여러분의 수학여행(Math Journey)의 길잡이로 삼을 수학의 약도를 그리고 (3장), 그 약도를 이용해 수학을 운전하는 요령을 제시할 것이다 (4장). 한 걸음 더 나아가 수학 10가/나 실전문제들을 쉽게 해결하는 방법을 보여줄 것이다 (5장). 6장에서 '가슴에 그리는 3차원 지도'와 '이 책의 근간을 이루는 교육이론'으로 이 책을 맺겠다.

제 2 장
수학이 한 눈에 들어온다

이 장에서 여러분은 수학을 새롭게 발견하고 마음을 활짝 여는 토대를 마련하게 될 것이다. 특히 문제풀이의 노하우는 문제 속에 있다는 것을 알게 될 것이다. 그러면 여러분과 나는, 다음 장에서 시작되는 흥미로운 수학여행(Math Journey)을 위한 준비를 마치게 된다.

2.1 수학의 기호는 약속

수학에서 쓰이고 있는 기호들 때문에 어려움을 겪는 경우가 있다. 예를 들면, $\sum_{k=1}^{3}(k+1)^2$의 값을 구할 때 주저하는 학생들이 있다. ($\sum$은 '시그마'라고 부른다.) 하지만 수학에서의 기호는 하나의 약속이거나 정의라 생각하면 훨씬 쉽게 느껴진다. 다음과 같은 덧셈이 있다고 하자.
$$f(1)+f(2)+f(3)+\cdots+f(100)$$
이 덧셈은 $\sum_{k=1}^{100} f(k)$처럼 표현할 수 있다. 즉,
$$\sum_{k=1}^{100} f(k) = f(1)+f(2)+f(3)+\cdots+f(100)$$
이다. 다시 말하면, 왼쪽 항은 지수 k의 첫 값($=1$)으로부터 마지막 값($=100$)까지 $f(k)$를 계산하고 그 값들을 모두 더하라는 것을 표현하기 위한 기호이다.

같은 이유로, $\sum_{k=1}^{3}(k+1)^2$은, 함수 $f(k)=(k+1)^2$에 대하여 지수 k가 1부터 3까지 변할 때 그 값들을 더하라는 뜻이다. 즉,
$$\sum_{k=1}^{3}(k+1)^2 = (1+1)^2+(2+1)^2+(3+1)^2$$
이다. 위의 오른편의 값이 29가 된다는 것은 쉽게 알 수 있다. 여러분이 주저하게 되는 것은 왼편을 보고 오른편을 연상하는데 어려움이 있기 때문이다. 기호를 이용해 표시된 왼쪽 항은 오른쪽 항을 표시하기 위해 만들어진 기호이며, 서로 그렇게 쓰자고 약속을 정해 놓은 것이다. 그래서 수학 문제에서 기호를 만나면, 어려워하기 전에, 그 기호를 포함한 항이 뜻하는 것을 위의 예에서처럼 실제로 표시해 볼 필요가 있다.

수학에서는 많은 기호를 만들어 놓고 약속을 정했다. $\lim_{x \to a} f(x)$는 x가 특정한 점 a에 한 없이 가까이 갈 때, $f(x)$의 값을 뜻하는 것

이요, $\int f(x)dx$는 함수 f를 미분 값으로 갖는 함수(부정적분)를 뜻이다. 중학생이라면 이 말을 알아듣지 못했을 것이다. 실망할 필요 없다. 이 책의 나머지를 읽는데 전혀 지장이 없을 뿐 아니라, 고등학교에 가면 여러분도 다 알아들을 수 있게 될 것이다. 여러분에게 추천하고 싶은 것은, 기호를 만나거든 그래서 그 문제가 어렵게 느껴지거든, 그 기호가 의미하는 것이 무엇인지 실제의 값을 대입해 보며 점검하거나 정의를 생각해 보라는 것이다.

어려운 문제를 놓고 오랫동안 고심하다 운이 좋았던 어떤 결이던 결국엔 그 문제를 해결했던 경험이 있을 것이다. 앞으로 이런 일이 있거든, 히딩크 감독이 골이 들어가려 할 때부터 시작하던 "예스!" 동작을 해보라. 스스로에게 축하를 보내라. 어려운 일을 성공적으로 해결할 때마다 스스로에게 축하의 인사를 던지는 것, 이는 열정적이고 자신감 넘치는 삶을 위해 꼭 필요한 일이다.

이 책의 많은 곳에서 주어진 질문에 대해 스스로에게 질문하라고 요청할 것이다. 스스로에게 질문하며 그 뜻을 적절하게 파악하고 활용함으로써, 효율적인 문제 풀이법을 배우게 될 것이다.

2.2 문제풀이의 노하우는 문제 속에

문제를 풀기 위해선 먼저 문제를 이해해야 하고 이해를 마치면 문제풀이의 시작점을 찾아야 한다. 즉, 문제의 해결 실마리를 찾아야 한다. 그래서 문제풀이에서 가장 중요한 것은 문제를 정확히 이해하고 그 이해를 바탕으로 실마리를 찾는 일이다. 출발점과 경로에 대한 발견이 없으면, 아무리 좋은 교통수단을 동원하더라도 목표지점에 도달할 수 없는 것과 같다.

해결 실마리는 "아하!"하는 감탄사처럼 다가오기도 하지만, 대부분의 경우에는 문제의 이해와 분석을 통해 찾아야 한다. 실마리를 문제에 숨어 있는 아킬레스건에 비유해도 좋다. 수학을 가장 효과적으로 정복하는 방법은 문제 안에 숨어 있는 실마리 찾기에 능숙해지는 것이다. 우리는 실마리를 효과적으로 찾는 법을 3장에서 생각할 것이고, 여기서는 '문제풀이의 노하우는 문제 속에 있다'는 것을 배울 것이다. 먼저 다음의 문제를 생각해보자:

> [문제] 직선으로 뻗은 길 한 편에 벽이 있고, 그 벽에는 문 1000개가 일렬로 늘어서 있는데 문 번호가 1에서 1000까지 순서대로 붙어 있다. 가슴에 1부터 1000까지의 번호를 붙인 1000명의 사람들이 한 명씩 순서대로 그 길을 지나는데, 문 번호가 가슴번호의 배수가 되거든, 문이 열려 있으면 닫고 닫혀 있으면 열면서 지난다고 가정하자. 처음에 모든 문이 닫혀 있었다면, 1000명이 모두 지난 뒤 몇 개의 문이 열려 있겠는가?[1]

---

1) 이 문제는 내가 대학교 1학년 때 수학을 가르치던 조교님이 내놓은 문제로, 그 조교님은 현재 서울대학교 수학과에 재직 중이다. 이 수수께끼 같은 문제가 20년이 훨씬 지난 지금까지 기억에 생생한 이유는, 이 문제를 풀어 껌 한 통을 상으로 받았기 때문이다.

이 문제가 표현하고 있는 상황이 무엇인지 이해할 수 있겠는가? 만약 이해할 수 없었다면, 다시 읽어보라. 그래도 이해가 안 되거든, 또 다시 읽어보라.

문 1000개를 1000명의 사람들이 열거나 닫으며 지나가는 상황인데, 가슴번호의 배수가 되는 문 번호의 문을 열려 있으면 닫고 닫혀 있으면 연다. 예를 들어, 처음엔 모든 문이 닫혀 있었기 때문에, 가슴번호 1(가슴번호 1을 가진 사람)은 모든 문을 열고 지날 것이다. 왜냐하면 1이상의 모든 수는 1의 배수가 되기 때문이다. 가슴번호 2는 2번, 4번, 6번 등 짝수 번호 문들을 닫고 지난다. 가슴번호 3은 3번 문을 닫고(가슴번호 1이 열어 놓았다), 6번 문을 열고(가슴번호 1이 열고 가슴번호 2가 닫아 놨다), 다시 9번 문을 닫고, …… 이쯤 되면 문제 상황을 이해했을 것이다. 그럼, 1000명이 다 지나고 난 다음, 열린 문은 몇 개인가? 이 문제를 해결하기 위해 어떤 공식이나 수학적 방법을 사용해야 하는가?

이 문제가 여러분에게 이렇게 느껴질 것이다. 하지만 여기서 포기하지 말라. 아무리 어렵더라도 항시 길이 있다는 것을 보여주려는 것이 이 문제의 한 가지 목적이다. 그리고 이 문제를 풀고 난 뒤, 여러분은 이 문제가 그렇게 어려운 문제가 아니었음을 느낄 것이다. 수학문제를 푸는 방법 중에 자주 쓰이는 것은 유사한 작은 문제로부터 출발하여 주어진 문제의 상황을 차근차근 따라가 보는 것이다. 함께 차근차근 따라가 보자.

1000개는 많으니, 우선 10개의 문을 생각하고, 10명의 사람들을 생각해보자. [표 2.1]에는 처음의 10명이 지나고 난 뒤, 문의 상태를 표현하고 있다.

[표 2.1] 첫 10명의 문 열고 닫기. 사각형으로 둘러싸인 문은 그 해당되는 가슴번호의 사람에 의해 변화된 것이다.

가슴번호	문 번호									
	1	2	3	4	5	6	7	8	9	10
1	O	O	O	O	O	O	O	O	O	O
2	o	ㄷ	o	ㄷ	o	ㄷ	o	ㄷ	o	ㄷ
3	o	ㄷ	ㄷ	ㄷ	o	O	o	ㄷ	ㄷ	ㄷ
4	o	ㄷ	ㄷ	O	o	o	o	O	ㄷ	ㄷ
5	o	ㄷ	ㄷ	o	ㄷ	o	o	o	ㄷ	O
6	o	ㄷ	ㄷ	o	ㄷ	ㄷ	o	o	ㄷ	o
7	o	ㄷ	ㄷ	o	ㄷ	ㄷ	ㄷ	o	ㄷ	o
8	o	ㄷ	ㄷ	o	ㄷ	ㄷ	ㄷ	ㄷ	ㄷ	o
9	o	ㄷ	ㄷ	o	ㄷ	ㄷ	ㄷ	ㄷ	O	o
10	o	ㄷ	ㄷ	o	ㄷ	ㄷ	ㄷ	ㄷ	o	ㄷ

(ㄷ: 닫힌 문, O: 열린 문). 사람들이 지날 때 건드려진 (각각의 가슴번호의 배수가 되는) 문은 사각형으로 둘러싸 놓았다. 표의 첫 가로줄로부터 가슴번호 1이 지나간 뒤 모든 문이 열려 있음을 볼 수 있다. 가슴번호 2는 문 번호 2, 4, 6, 8, 10을 닫고 지났고, 가슴번호 3은 문 번호 3을 닫고 문 번호 6을 열고 문 번호 9를 닫고, 가슴번호 4는 문 번호 4와 8을 열고, 등등…… 열 명이 모두 지난 뒤, 문 번호 1, 4, 9만이 열려 있음을 표의 마지막 행으로부터 알 수 있다. 1000명이 모두 지나더라도, 11번 이후부터의 가슴번호는 이미 10보다 크기 때문에, 10이하의 문들은 건드려지지 않을 것이고, 이 결과는 변하지 않을 것이다.

그래서 1000명이 모두 지났을 때도 10이하의 열린 문 번호들은 1, 4, 9뿐이다. '그럼, 이 세 개의 숫자가 뜻하는 것은? 이들로부터 과연 무엇을 끌어낼 수 있지?' 여러분은 이런 생각을 하고 있을 것이다. 이럴 때 가장 좋은 방법은 공통점을 생각해보는 것이다. '그럼, 1, 4, 9의 공통점은 뭐야? 모두 홀수거나 짝수인 것도 아니고, 흠……' 나는 지금 일부러 뜸을 들이고 있다. 여러분 스스로 생각해내길 바라기 때문에. '1, 4, 9의 공통점은 뭐야?' 이쯤 되면, 아하하는 학생도 있을 것이다.

자, 이제 함께 생각해 보자. 1은 1의 제곱이고 4는 2의 제곱이고 9는 3의 제곱이다. 그럼, 중얼거려 보자.

> 1, 4, 9는 어떤 정수의 제곱이 되는 수!

그렇다. 오직 어떤 정수의 제곱이 되는 수(완전제곱수)에 해당되는 문만이 열렸다. 그렇다면, 1000명이 1000개의 문을 같은 방법으로 열거나 닫고 지나갔다면, 이때도 완전제곱수가 되는 문 번호의 문만 열리게 될까? 이 추측은 무척 그럴듯해 보인다. 이 추측이 맞으면, 1000이하의 완전제곱수의 개수가 문제의 정답이 될 것이다.

그러면 1000 이하에는 몇 개의 완전제곱수가 있을까? 1000 이하의 가장 큰 완전제곱수를 찾아보면 알 일이다. 그런데, $30^2 = 900$이고 $31^2 = 961$로 1000 이하 이지만, $32^2 = 1024$로 1000을 초과한다. 따라서 1000 이하의 정수 중 완전제곱수는 (1의 제곱에서부터 31의 제곱까지) 31개이고, 위의 추측이 맞으면 이 문제의 정답은 31이 되어야 한다. 즉 1000개의 문에 대해 1000명이 모두 문제에서 말하는 방법으로 문을 열거나 닫으며 지나간 뒤엔, 31개의 문이 열려 있다는 말이다. 이제 문제는 이 추측이 옳으냐를 판명하는 일만 남았다. 즉, 1에서 10까지의 수로 점검해 본 결론을 다른 큰 수에도 적용할 수 있을까 하는 질문. 시험에 이 문제가 20점짜리 문제로 출제됐다고 가정하자. 더 좋은 해결방법을 찾을 수 없다면, 여러분은 31이라는 수를 답으로 선택하고 20점을 기대할 것이다. 그런데 만약 정답에 대해선 20점을 주고 답을 쓰지 않으면 0점을 틀린 답에 대해선 20점을 빼겠다면, 아직도 여러분은 31을 답으로 용감하게 쓸 수 있는가?

아마도 여러분은 주저할 것이다. 밤새도록 생각해보고 다음날 답을 써내도 좋다고 했다면, 밤새 잠 못 자고 생각하다가 여러분의 머리가 하얗게 변해버릴지도 모른다. 위의 문제는 여러분에게 백수문(白首問)이 될 수 있다. 6세기 초의 일이다. 중국 남조 양무제의 명을 받은 주흥사(周興嗣)가, 각기 다른 글자로 이루어진 천자문(千字文)을 삼일 밤낮으로 지은 뒤, 머리가 하얗게 변해버렸다는 전설이 있다. (한국에 알려진 대부분의 문헌엔 하룻밤 사이에 지었다고 되어 있는데, 천자문을 베껴 쓰는 데만 그 시간이 걸린다.) 그래서 천자문을 백수문(白首文)이라고도 부른다. 사실, 천자문에는 두 글자가 중복되어 있다. 그래서 모두 998개의 다른 글자가 나온다. 관심 있다면 어떤 글자들이 중복되어 있는지 직접 찾아보길 바란다.

10개만의 문으로 점검해 본 경험으로부터, 주어진 문제의 풀이를 완성하기 위한 실마리를 이미 발견한 학생도 있을 것이다. 못했을지라도 슬퍼할 필요는 없다. 필요하다면 40개 정도의 문으로 [표 2.1]에서 했던 것처럼 한 번 더 확인해보고 결론을 내릴 수도 있다. 물론 1000개의 문을 그려놓고 1000명을 모두 통과시키는 작업을 해 볼 수 있다. 오랜 인류 역사에서, 수학은 토목과 건축의 설계를 도우며 발달되기 시작했지만, 복잡한 계산과정을 간단히 하거나 수고로움을 줄이기 위한 도구로 개발되기도 했다. 일단 우리는 10이하의 수에 대해서는 오직 완전제곱수가 되는 문 번호만이 열려 있음을 알았다. 이 때, 여러분 스스로에게 다음 질문을 던지는 것은 너무나 자연스러워 보인다. 중얼중얼: "완전제곱수들은 어떤 성질을 갖고 있을까? 이 문제와 관련해서 그런 수들의 특성을 찾는다면 무엇일까?"

이 질문에 답하기 위해, 이제 다른 각도에서 생각해보자. 사람들은 각자의 가슴번호의 배수가 되는 문 번호를 열거나 닫을 수 있다. 이는 사람들(행동의 주체) 중심의 생각이다. 문(행동의 객체)을 중심으로 생각해보면, 문 번호의 약수가 되는 가슴번호를 가진 사람들만이 그 문을 건드릴 수 있었다. 예를 들어, 10의 약수들은 1, 2, 5, 10이고, [표 2.1]의 마지막 세로줄에서 볼 수 있듯 문 번호 10은 가슴번호 1, 2, 5, 10만이 건드릴 수 있었다. 그런데, 처음에 닫혀 있던 문이 마지막에 열려 있으려면, 그 문 번호의 약수는 홀수 개이어야 한다. (예를 들어, 9의 약수는 1, 3, 9의 세 개이기 때문에, 9번 문은 가슴번호 1이 열고 3이 닫고 9가 열어, 결론적으로 열리게 된다.) 약수의 개수가 짝수이면 열고 닫고, 열고 닫고, 하는 동작에 짝이 맞는 까닭에 문의 원래의 상태인 닫힌 상태가 되어 버린다. (예를 들어, 10의 약수는 1, 2, 5, 10의 네 개이기 때문에, 10번 문은 가슴번호 1

이 열고 2가 닫고 5가 열고 10이 닫아서, 원래의 상태가 되어 버렸다.) 즉, 홀수개의 약수를 가진 문 번호만이 마지막에 열려 있게 된다는 결론이다. 따라서 이 문제의 실마리는 '문 번호의 약수의 개수'이다. 혹은 '약수에 관련된 어떤 것'이라는 식으로 말해도 좋다.

10개의 문으로 점검해 본 경험이 이 실마리와 무관하게 보일지 모른다. 하지만 무관하지 않다. 여러분이 직접 [표 2.1]에서 했던 것처럼, 10개의 문을 그리고 10명의 사람들을 가슴번호의 배수를 따져가며 통과시켰다면, 각 문 번호의 약수가 되는 가슴번호만이 그 문을 열거나 닫고 있음을 감지할 수 있었을 것이다. 즉, 실마리는 약수에 관련되어 있을 거라는 생각을 할 수 있다. 약수와 배수는 마치 바늘과 실처럼 서로 대응되는 관련을 갖고 있기 때문에 더욱 그렇다.

여기까지 포기하지 않고 읽어 온 여러분께 박수를 보낸다. 아래에 설명될 것에 대해서도 포기하지 않길 바란다. 설령 여기서 설명하는 것을 완벽하게 이해하지 못하더라도 수학의 약도에 대한 다음 장을 이해하는 데 전혀 지장이 없다.

그럼, 일단 주어진 문제의 풀이를 멈추고, 약수의 개수를 찾는 방법에 대해 알아보자. 어떤 수의 약수를 찾는 것은 소인수분해로부터 시작된다. 소인수분해는 주어진 정수를 소수(素數)들의 곱으로 표현한다는 말이고, 소수는 더 이상 쪼개질 수 없는 2이상의 정수를 뜻한다. 소수(素數)와 소수(小數)를 혼동하지 않길 바란다. 소수(素數)는 "기본 단위가 되는 수(정수)"란 뜻이고 소수(小數)는 0과 1

사이의 작은 수(실수)를 의미한다. 여기서 말하는 소수는 기본 단위가 되는 수이며, 1과 자신 외에는 약수를 갖지 않는다. 예를 들어, 20이하의 소수들은 2, 3, 5, 7, 11, 13, 17, 19이다.

이제 한 정수를 소인수분해 해보자. 예를 들어, 72는 $2 \times 2 \times 2 \times 3 \times 3$으로 소인수분해 된다. 즉,
$$72 = 2^3 \times 3^2$$
이다. 따라서 72의 약수들은 2^3의 약수들과 3^2의 약수들과의 곱셈의 모든 경우들로 이루어진다. 표를 그려 설명해보자.

$$\left\{\begin{array}{c} 2^0(=1) \\ 2^1 \\ 2^2 \\ 2^3 \end{array}\right\} \times \left\{\begin{array}{c} 3^0(=1) \\ 3^1 \\ 3^2 \end{array}\right\}$$

왼쪽 열에서 하나를 고르고 오른쪽 열에서 하나를 골라 곱하면 그 수는 72의 약수가 된다. 또한 다르게 골라진 수들의 곱은 72의 다른 약수를 만들어 낸다. 그래서 왼쪽 열에 4개의 경우의 수가 있고 오른쪽 열에 3개의 경우의 수가 있어 모두 12개의 약수를 만들어 낼 수 있다 ($4 \times 3 = 12$). 즉 72의 약수는 모두 12개이다. 이 12개의 약수를 열거해 보자:

$$\begin{array}{lll} 2^0 \times 3^0 = 1, & 2^0 \times 3^1 = 3, & 2^0 \times 3^2 = 9 \\ 2^1 \times 3^0 = 2, & 2^1 \times 3^1 = 6, & 2^1 \times 3^2 = 18 \\ 2^2 \times 3^0 = 4, & 2^2 \times 3^1 = 12, & 2^2 \times 3^2 = 36 \\ 2^3 \times 3^0 = 8, & 2^3 \times 3^1 = 24, & 2^3 \times 3^2 = 72 \end{array}$$

앞에 있는 72의 12개의 약수는, 2의 지수가 0에서 3까지 변할 때의

4개의 경우의 수와 3의 지수가 0에서 2까지 변할 때의 3개의 경우의 수로 만들어진 것이다. 그리고 위에 열거한 수들이 72의 약수의 전부이다. 정리해 보면, $72 = 2^3 \times 3^2$로 소인수분해 되고, 그래서 72의 약수의 개수는 지수에 1씩을 더하여 곱한 값, 즉 $(3+1) \cdot (2+1) = 12$이다.

이런 사실을 배경으로, 약수의 개수를 찾는 방법을 공식화 할 수 있다. 즉, 어떤 정수 x가 $a^\alpha b^\beta c^\gamma$로 소인수분해 되었다 하자. 다시 말하면,

$$x = a^\alpha b^\beta c^\gamma$$

그러면,

x의 약수의 개수 $= (\alpha+1) \cdot (\beta+1) \cdot (\gamma+1)$

이 된다. x의 약수들에는, 소수 a의 지수가 0부터 α까지 변하는 $(\alpha+1)$가지의 경우의 수가 있고, 소수 b의 지수가 0부터 β까지 변하는 $(\beta+1)$가지의 경우의 수가 있고, 소수 c의 지수가 0부터 γ까지 변하는 $(\gamma+1)$가지의 경우의 수가 있기 때문이다. 이처럼, 공식은 쉽게 관찰할 수 있는 현상을 일반화 시켜놓은 것이 많다.

이제 문을 열고 닫는 문제로 돌아가자. 앞에서, 홀수개의 약수를 가진 문 번호만이 마지막에 열려있게 된다는 것을 밝혔다. 문 번호 x가 다음과 같이 소인수분해 되었다 하자: $x = a^\alpha b^\beta c^\gamma$ 약수의 개수가 홀수라는 말은 $(\alpha+1) \cdot (\beta+1) \cdot (\gamma+1)$가 홀수라는 것을 의미한다. 그래서 $(\alpha+1)$, $(\beta+1)$, $(\gamma+1)$은 모두 홀수이어야 한다. (왜

냐하면 이들 중 하나라도 짝수이면 그 곱은 짝수가 되기 때문이다.) 다시 말하면, α, β, γ가 모두 짝수이다. 즉, 마지막 순간에 열릴 수 있는 문은, 그 문 번호가 소인수분해 되었을 때 지수들이 모두 짝수인 것들뿐이다. 지수가 짝수라는 말은 어떤 다른 정수의 두 배가 된다는 말이다. 즉, $\alpha = 2l$, $\beta = 2m$, $\gamma = 2n$. 그러므로

$$x = a^\alpha b^\beta c^\gamma = a^{2l} b^{2m} c^{2n} = \left(a^l b^m c^n\right)^2$$

그래서 1000명이 다 지났을 때 열려 있는 문은 그 문 번호가 어떤 정수의 제곱이 된다. 즉, 완전제곱수이다. 우리가 10개의 문으로 직접 실행해보고 얻어냈던 추측. 그 추측이 맞았다는 것을 아는 순간이며, 열릴 문은 31개라는 것이 정답이다. (히딩크처럼) "예스!"

우와. 여러분은 여기까지 왔다. 위의 논의를 완전히 이해하지 못했을지라도 걱정하지 말라. 이 책의 본론이 되는 다음 장은 위에서 말한 것을 이해하지 못했을지라도 알아들을 수 있을 것이다. 여기서 일견 어렵게 느껴지는 문제를 선택하고 같이 풀어본 주된 목적은, 문제를 푸는 노하우는 문제를 분석하며 채득된다는 것을 말하려는 것이다. 문제분석의 주요 이유는 실마리찾기이지만, 문제를 분석하며 관련된 수학적 사실이나 공식을 끌어낼 수 있고, 수학문제의 구성에 대한 안목을 기를 수도 있다. 문제를 하나하나 체계적으로 분석하고 실마리를 찾고 풀이를 이행하다 보면, 어느 순간 자신이 수학에 능한 학생이 되어 있음을 깨닫고 깜짝 놀랄 것이다. 문제풀이의 노하우는 문제 안에 있음을 잊지 말고, 한 단계씩 나아가길 바란다. 어느 순간 수학이 한 눈에 들어올 것이다.

이제 우리는 수학여행(Math Journey)의 준비를 모두 마쳤다. 다음 장에서 문제를 분석하고 풀이법을 제안함에 있어, 우리는 수학 문제를 푸는 것을 운전하는 것에 비유할 것이다. 가보지 않았던 모르는 길을 찾아가는 운전. 그리고 그 때의 어려움을 덜어주기 위한 약도(略圖)를 만들 것이다.

쉬어가는 페이지

호수(湖水)

김성재

저무는 해를 따라
호숫가를 걸으면
거꾸로 열린 하늘과
동행(同行)이 된다.

물고기는 익어가는 노을 위로 헤엄치고
물새 한 마리 구름에 닿으려다
파문(波紋)만 남기고 숲 속으로 날아가는데
온갖 풀벌레 울음소리
바람에 실려와 하늘 위에 눕는다.
하나 둘 별이 구름 아래로 반짝이고
둥근 달이 거꾸로 떠오른다.

하늘과 해와 달과 별도
자신을 비추어 보고 싶은 때가 있음을 아는 까닭에
그들을 위해 거울이 된다.

제 3 장
수학의 약도(略圖)를 그리자

모든 수학문제를 몇 가지 틀에 정확히 맞출 수 없을지라도 문제를 주의 깊게 살펴보면 문제의 구성에 있어 일정한 패턴이 있음을 발견할 수 있다. 이 장에서 우리는 수학문제의 구성에 대한 고찰을 시도하고, 수학의 약도를 만들고자 한다.

3.1 길눈과 수학눈

길을 잘 찾아가는 사람에게는 길눈이 밝다고 한다. 처음 가보는 곳일지라도 자신 있게 찾아가는 사람들이 있는가 하면, 몇 번을 찾아가 보았어도 길을 나서면 식은땀부터 흘리는 사람들도 있다. 1970년대 초에 미국의 국방부가 지구상에 있는 물체의 위치를 측정하기 위해 60억 달러를 들여 군사 목적으로 개발한 GPS(Global

Positioning System; 위성위치확인시스템)가, 근래에는 많은 사람들에 의해 길 찾기 도우미로 이용되는 것만 보더라도 길눈에 대한 사람들의 어려움을 짐작하고 남음이 있다. 물론 교통경찰의 단속이나 감시 카메라의 적발로부터 피하기 위해 사용되기도 하지만, 길을 찾아갈 때의 어려움을 감소시킨 것은 GPS의 공(功) 중에서도 으뜸가는 공이라 하겠다. 길눈까지 애당초 밝다면, 이제 길을 찾아가는 데에는 큰 어려움이 없을 것이다. 여기서는 길눈에 대한 논의를 함에 있어, GPS의 도움을 무시한 채, 논의를 진행하겠다.

가보지 않았던 어떤 지점까지 자주 왔다 갔다 해야 하는 일이 생겼다고 하자. 그래서 그 지점까지 찾아가는 것을 배우기 위해, 여러분이 옆 좌석(객석; Passenger Seat)에 앉은 채, 길을 잘 아는 운전자의 설명을 들어가며 한 번 갔다 온 적이 있다 하자. 하지만 여러분의 길눈이 밝지 않다면, 한번 갔다 왔음에도 불구하고 혼자서 차를 몰고 찾아가려 할 때 겁부터 날 것이다. 길을 조금 더 잘 배우기 위해, 여러분이 직접 운전을 하고 길을 잘 아는 사람이 객석에 앉아 길을 인도하며 다시 한 번 그 지점까지 갔다 왔다고 가정해보자. 그럼, 이제 여러분은 혼자 찾아갈 수 있을까? 아무런 두려움도 없이 자신 있게 차를 몰고 나갈 수 있겠는가? 정도의 차이는 있겠지만, 길눈이 어두운 사람이라면 여러분은 아직도 두려움을 버릴 수는 없을 것이다.

한편 길눈이 밝은 사람은 이런 예행연습을 하지 않고도, 남에게 들은 설명 또는 주소만 가지고 길을 찾아가는데 큰 어려움이 없다. 그럼, 길을 잘 찾아가는 사람의 마음속엔 무엇이 있는 거지? 무엇을 생각하고 있기에 아무리 복잡한 길도 저토록 길을 잘 찾아갈까. 길눈이 밝은 사람들의 생각에는 대략 두 가지가 있다. 동서남북에 대한 방위와 큰 건물이나 큰 길에 대한 대략적 지도가 그것이다. 지도라기보다 약도(略圖)라 해야 할 것이다.

동서남북의 방위와 대략적인 약도에 따라 어느 지점까지 접근한 뒤, 목적지 근처의 정보(건물의 모양이나 색깔, 유명한 장소, 등등)를 이용해 목적지를 찾아간다. 이처럼, 대략적인 모습을 그려볼 수 있는 것은 일을 해결함에 있어 가장 효과적인 방법 중의 하나이다.

3요소 접근 방법이 흔한 이유가 여기에 있다. 세상일에는 3요소니 4요소니 하는 요소접근법이 많다. 예를 들면, 소설구성의 3요소는 사건, 인물, 배경이고, 비료의 3요소는 질소, 인산, 칼륨이고, 한자의 3요소는 모양, 발음, 뜻이고, 차의 3요소는 색, 향, 맛이고, 데일 E. 잔느가 말한 대로 리더십의 3요소는 지식, 신뢰, 권력이다. 이 밖에도 3요소는 부지기수이다.

3요소 방법은 사람들의 생각을 대략적인 지점에 쉽게 도달하게 해주는 가장 좋은 방법으로 활용되고 있다. 예를 들어, 수학선생님 집에 방문했을 때 예쁜 찻잔에 담긴 차를 대접 받았다고 하자. 차를 마시고 감사의 표시로 "예쁜 찻잔에 차를 마시니 맛이 더욱 좋아요."라고 했다면 여러분은 이미 다도에 0점이다. 그 시간이 다도 시간이 아니어서 다행이지, 여러분의 성적표엔 0점 하나가 기록되었을 것이다. 대신, "향과 색이 좋다고 생각했는데, 마셔보니 맛이 그윽해요."라고 했다면, 선생님은 여러분이 다도에 문외한이 아니라고 믿으실 것이다. 여러분이 차의 3요소를 이용해 의견을 말했기 때문이다. 실제로 차의 3요소를 알고 있기에, 여러분은 먼저 눈으로 색을 감상했고 코로 향을 즐겼으며 입으로 맛을 음미했을 것이다. 이처럼 차의 3요소는 다도의 눈(다도눈)을 뜨게 해준다.

 길눈이 어두운 사람에게 운전이 두려움으로 보여지 듯, 수학눈이 어두운 사람에겐 수학문제가 골칫거리로 보인다. 선생님이 개념을 설명해주고 예제 문제를 풀어주며 풀이과정을 자세히 설명해 주었음에도 수학눈이 밝지 않은 학생에게는 아직도 모르는 것이 너무 많다. 특히 유사한 문제에 대해서도 어디서부터 시작해서 문제를 풀어야 할지 감이 잡히지 않을 것이다. 다른 유형의 문제라면 문제를 보는 것조차 머리가 지끈거린다. 좀 더 수학을 잘 이해하기 위해 과외선생의 지도를 따라가며 문제를 직접 풀어봤다고 하자. 그렇다 할지라도 수학문제를 푸는 기술은 발전하지 않을 수 있다. 유사한 문제가 아니라면, 문제를 보는 순간 자신이 없어지고 말 것이다. 수학눈이 어두우면 문제풀이를 많이 경험해도 어려움을 떨쳐버리기 어렵다.

 선생님의 강의를 듣는 것은 객석에 앉아 운전자로부터 길 찾아가는 방법을 배우는 것에 비유되고, 과외선생의 지도 아래 문제를 직접 풀어보는 것은 길을 잘 아는 사람이 객석에 앉은 채 길을 설명해주는 상황에서 운전을 직접 해보는 것에 비유된다. 어떤 경우이든, 길눈이 어두우면 아직 길에 대해 두려움을 떨쳐버릴 수 없듯, 수학눈이 어두우면 아직 문제에 대한 어려움에서 벗어날 수 없을 것이다. 그러면 수학에 있어 동서남북의 방위와 대략적인 약도는 무엇일까? 그 약도는 어떻게 만들까?

약도 또는 지도를 만드는 일은 지표에 대한 적절한 요소와 필요한 정보를 수집하는 일에서부터 시작된다. 지표는 길, 건물, 산, 강, 연못, 들판 등으로 덮여있다. 그 중에서 긴요한 것을 고르는 것은 지역의 특성이나 지표를 덮고 있는 요소들의 분석으로부터 시작된다. 수학에서의 지도를 만드는 일도 마찬가지이다. 수학의 지도를 만들려면 수학의 요소와 특성을 먼저 고려해야 한다. 수학문제를 풀어감에 있어 고려되는 요소들이 무엇인지 먼저 조목조목 따져보아야 할 것이다. 그리고 그 중에서 필수적인 요소들을 골라, 해결 실마리를 찾게 해주고 풀이과정을 도와줄 편리하고도 유익한 수학의 약도를 만들어야 할 것이다.

3.2 3단계 수학: 수학의 약도(略圖) 만들기

나는 수학문제 풀이과정을 **문제이해**, **실마리찾기**, **풀이이행**의 3단계로 나눈다. (이의 이론적 근거에 대해서는 162쪽에 있는 6.2절을 보라.) 문제를 풀 때는 먼저 문제 자체를 이해 (understanding)해야 하고, 다음엔 문제풀이를 위한 실마리(clue)를 찾아야 한다. 실마리는 문제를 어디서부터 풀 것인가를 보여주고 문제풀이의 플랜을 세우게 한다. 일단 실마리가 찾아지면, 마지막 단계는 풀이이행(carrying out)이다. 문제이해는 실마리찾기를 위한 선행조건이며, 실마리찾기에 성공하고 풀이과정이 적절했다면 정답을 얻을 수 있다. 그래서 첫 번째 단계인 문제이해로부터 신중함을 보여야 한다. 이 절에서는 문제풀이의 3단계에 속해 있는 수학문제의 여러 가지 요소들을 분석하고, 긴요한 요소들을 선별하여 수학의 약도를 만들 것이다.

먼저 예제 몇 개를 생각해 보자:

[예제 1] 직사각형이 하나 있다. 이 직사각형의 각 변이 100퍼센트씩 증가했다면, 넓이는 몇 퍼센트(%) 증가했겠는가?

[예제 2] $5x + 5y = 20$일 때, x와 y의 평균값을 찾아라.

[예제 3] 우리 안에 토끼와 거위가 모두 20마리가 있다. 징을 크게 치면 토끼는 놀라 두 앞발을 공중으로 들고, 거위는 날개를 펴며 한 발을 오므려 들여 깃털 속에 숨긴다고 하자. 징 소리가 요란하게 나는 순간 땅을 닿고 있는 발의 개수를 모두 세어보니 28개였다면, 토끼와 거위는 각각 몇 마리씩 인가?

[예제 4] 중심이 (1, 4)인 원 O와 중심이 (5, 1)인 원 P가 서로 외부로부터 접(외접)하고 원 O의 반지름이 2이다. 이 때 원 P의 반지름을 구하라.

[예제 5] 오른쪽 그림에서 정사각형의 넓이는 25cm²이다. 두 삼각형의 둘레가 각각 20cm라면, 전체 그림의 둘레는 얼마인가?

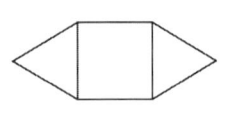

[예제 6] 모든 실수에 정의된 함수 $f(x) = x^2 - 4x + 5$의 최솟값을 구하라.

여기서 잠시 읽기를 멈춘 채, 앞의 문제를 풀어보고 여러분의 답을 다음의 정답과 비교해보라:

[예제 1] 300%, [예제 2] 2, [예제 3] 토끼 8마리 거위 12마리, [예제 4] 3, [예제 5] 40cm, [예제 6] 1.

위의 문제들은 미국의 대학입학 수능시험이라 할 수 있는 SAT 수준의 문제들로서, 쉬운 것 같지만 고등학생일지라도 한두 문제 정도는 틀릴 수 있을 것이다. 그러나 걱정하지 말라. 이 책을 다 읽고 나면 여러분은 수학에 자신 있는 사람으로 변해 있을 것이다.

이제 위 예제들의 문제구성요소들을 보자. [예제 1]에 대해 400퍼센트라고 답한 학생이 있을 것이다. 하지만 그것은 정답이 아니다. 이 문제는 넓이의 증가분을 묻고 있지, 나중의 넓이가 처음 넓이의 몇 배가 되었냐고 묻고 있지 않다. 많은 학생들에게 흔한 실수 중의 하나는 문제가 묻고 있는 것(미지수 ; unknown)에 대한 생각을 깊게 하지 않고 (즉, 충분한 문제이해 없이) 상식에 의존한다는 것이다. 그래서 틀리면, 허탈해 한다. 이런 경험 없는 사람, 손들어 보라.

수학문제에서 가장 중요한 요소는 미지수이다. 이것은 곧 문제의 정확한 이해와 직결된다. 그리고 미지수가 무엇인가라는 질문은 운전할 때 목적지가 어디인가라는 질문과 같다. 목적지 없이 이리저리 운전하는 것만큼 막막한 일이 없으며, 교통사고의 위험도 증가할 것이다. 운전을 시작할 때부터 마칠 때까지 목적지를 기억하고 있어야 하듯, 문제를 처음 대할 때부터 풀이를 마칠 때까지 잊지 말아야 할 것이 "미지수는?"이라는 질문이다. 긴 풀이를 요구하는 문제를 풀 때에는 스스로에게 그 질문을 몇 번이고 되풀이하며 문제를 풀어야 할 때도 있다. 미지수는 문제이해의 중요한 요소이며 또한 문제를 푸는 목적이다.

[예제 1]부터 [예제 6]까지 미지수가 무엇인지 살펴보자.

[예제 1] 넓이의 증가분, [예제 2] x와 y의 평균값,
[예제 3] 토끼와 거위의 마리 수, [예제 4] 원 P의 반지름,
[예제 5] 그림의 둘레, [예제 6] 함수 f의 최솟값

이 미지수에 해당된다. 위의 예제들은 미지수를 쉽게 찾을 수 있게 구성되어 있다. 하지만, 미지수가 무엇인지 알아내기 힘든 문제들도 많다. 그렇다 하더라도 미지수가 무엇인지 모르고 문제를 풀 수 없다. 목적지 없이 운전하고 다 왔다고 말할 수 없는 것과 마찬가지이다.

여러분은 "미지수가 뭐야?", "문제가 묻고 있는 것이 뭐지?", "뭘 찾아야 하지?"라는 질문을 던져가며 문제를 풀어주시는 선생님을 많이 보았을 것이다. 수학의 구성요소를 따로 거론하지 않을지라도, 대부분의 선생님들은 미지수라는 수학문제의 요소를 자주 말하여 그 중요성을 여러분에게 주지시키려 애쓰신다. 그럼에도 불구하고 많은 학생들이 위의 [예제 1]에 오답을 냈을 것이다. 이는 수학의 구성요소를 등한시해 왔다는 한 증거이다. 여러분을 비난하려는 것이 아니다. 물론, 미지수가 수학문제의 구성요소 중의 하나라는 것을 여러분은 들은 적이 없고, 수학에 구성요소가 있다는 것조

차 들은 적이 없다는 것을 안다. 지금부터 우리 함께 구성요소를 찾아보고 그 유용성을 검토해보자.

3.2.1 첫 번째 단계: '문제이해'에 필요한 요소들

이제부터 '문제이해'에 필요한 요소들을 생각해 보자. 이러한 요소들은 흔히 여러분에게 질문의 형태로 다가올 것이다. 먼저 몇 가지 중요한 질문을 나열하고 그 질문들에 대한 간단한 설명을 34쪽에 있는 예제들을 중심으로 설명하겠다.

- 미지수는 무엇인가?
- 조건은 무엇인가?
- 자료는 어느 것들인가?
- 문제에 있는 숨은 아이디어는 무엇인가?

미지수(unknown)

물론 문제를 이해함에 있어 가장 중요한 것은 미지수이다. 무엇을 찾아야 하는지를 제일 먼저 알아야 하고 문제를 푸는 동안 잊어서는 안 되는 것이기 때문이다. 미지수에 대해선 위에서 말했기 때문에 다른 요소들을 생각해보자.

조건(condition)

조건은 미지수가 문제 상황에 관련된 상태를 말하며 미지수를 찾기 위해 사용된다. 운전을 함에 있어서, 안전운전을 위해서건 시간에 맞추어 도착하기 위해서건 목적지로 가는 길에 대한 조건을 따지지 않을 수 없다. 교통체증이 심하다든지, 도로의 어떤 부분이 공사 중이라든지, 눈이 와서 길이 미끄럽다든지, 하는 것들. 위의 [예제 1]에서는 각 변이 100퍼센트 증가했다는 것이 조건이다. 이 조건은 미지수(넓이의 증가분)를 찾는데 활용된다. [예제 2]에서는 미지수가 x와 y의 평균값이다. 이 미지수를 찾기 위해 두 수 x와 y를 이용해야 하는데 이 두 수에 주어진 조건은 $5x+5y=20$이다. 다른 예제에 대해서도 조건을 찾아보기는 어렵지 않다. 스스로 찾아보길 바란다.

자료(data)

조건은 '자료'라고 불러야 할 것들과 함께 문제에 나타날 때가 많다. 예를 들어, 위의 [예제 3]에서 토끼와 거위가 모두 20마리이며 징 소리가 날 때 땅에 닿고 있는 발의 개수가 모두 28개라는 것이 자료이고, 징을 치면 이들이 발의 반을 들어 올린다는 것이 이 문제의 조건이다. [예제 4]에서는 두 원의 중심과 한 원의 반지름이 주어져 있고, 두 원이 외접한다고 말하고 있다. 두 원이 외접한다는 것은 조건에 해당되고, 두 원의 중심과 한 원의 반지름이 자료에 해당된다고 말할 수 있다.

가끔은 무엇이 조건이고 무엇이 자료인지 구분이 되지 않을 때도 있다. [예제 4]에서 두 원이 외접한다는 것과 한 원의 반지름을 조건으로 보고 나머지인 두 원의 중심을 자료로 봐도 좋다. 하지만,

중요한 것은 조건과 자료가 미지수를 찾기 위한 도구들임을 이해한다면 무엇을 조건으로 삼고 무엇을 자료로 삼든 달라질 게 없다. [예제 5]에서 정사각형의 넓이와 두 삼각형의 둘레가 주어져 있는데 이는 자료에 해당되지만 조건으로 생각해도 무방하다. 정사각형의 넓이와 두 삼각형의 둘레를 자료로 삼는다면, 조건은 무엇인가에 대한 질문이 남는다. 문제가 항시 모든 요소를 가질 필요는 없지만 굳이 조건을 찾는다면, 두 삼각형과 정사각형이 그림에서 보여주고 있듯 그렇게 연결되어 있다는 것이다.

아이디어

문제가 묻는 것, 또는 조건과 자료가 무엇인지 쉽게 찾을 수 없는 경우도 있다. 찾았다 가정하더라도 문제에 숨어있는 아이디어를 생각해보는 것은 문제의 깊은 이해를 위해 바람직하다. 예를 들어, 34쪽에 있는 [예제 3]의 경우를 생각해 보자. 문제를 한 번 읽고 난 뒤 바로 이해되지 않을 수 있다. 특히 설명형 문제(story problem)에서 설명이 길어지면 문제의 아이디어가 쉽게 잡히지 않는다. 그럴 때면, 아이디어가 잡힐 때까지 몇 번이고 다시 읽어보라. 이 문제가 설명하고 있는 것은, 거위와 토끼가 모두 20마리 있는데, 징을 요란하게 치면 거위와 토끼가 각기 발의 반을 들어 올리며 놀람을 표시하고, 그 때의 땅에 내려진 발의 개수는 모두 28개라는 것이다. 다시 말해, 놀란 순간 거위의 발은 두 개 중 한 개만 땅에 닿고 있고, 토끼의 발은 네 개 중 두 개만 땅에 닿고 있는데, 머리는 모두 20개이고 땅에 닿고 있는 발은 모두 28개이다. 이 정도를 끌어냈다면 문제의 아이디어를 잘 이해했다고 본다.

그런데, 머리는 20개이고 땅에 닿고 있는 발이 28개로, 발이 머리보다 더 많은 이유는 무엇일까? 이는 토끼와 거위의 머리는 하나씩이고 거위의 발은 하나만 땅에 닿고 있는데, 토끼가 두 개의 발을 땅에 닿고 있기 때문이다. 그래서 머리에 비해 발이 8개가 많은 것은 토끼가 8마리이기 때문이다. 당연히 거위는 12마리가 된다. 이렇듯 문제를 잘 이해하면, 가끔은 다른 복잡한 풀이과정 없이도 답을 쉽게 구할 수 있다.

문제를 이해하는 것은 문제의 실마리를 찾는 것과 무관하지 않다. 실마리를 찾는 것이 문제 해결에 있어 가장 중요한 일이고 문제의 이해를 통해 실마리를 찾는 것이 보통이다. 하지만, 문제이해와 실마리찾기를 병행할 수도 있고, 문제이해가 완성되지 않았을지라도 실마리찾기 단계를 시작할 수도 있다. 실마리를 희미하게나마 찾고 나면, 문제의 이해가 더 확실해질 때도 있기 때문이다. 문제풀이를 편의상 3단계로 나누어 생각하고 있지만, 그 단계의 한계가 불분명할 때가 있다는 뜻이다. 가끔은 세 단계를 이리저리 넘어 다니며 문제를 이해하고 동시에 실마리를 찾아야 한다. 하지만, 문제의 이해는 묻고 있는 것이 무엇(미지수)이며 조건과 주어진 자료가 무엇인가에 대한 질문에 스스로 대답하며 얻어지는 경우가 가장 많다. 그래서 미지수, 조건, 자료를 '문제이해의 3요소'로 삼는다.

58쪽에 있는 [그림 3.3]에 문제이해의 3요소를 실마리찾기와 풀이이행의 3요소와 함께 모아 놓았다. 주역의 기본을 이루는 팔괘를 본뜬 모양이다. 문제풀이의 두 번째 단계(실마리찾기)와 세 번째 단계(풀이이행)의 3요소를 찾아가며 이 수학의 약도(팔괘도)가 무엇을 말하려는지 알게 될 것이다.

이쯤에서 여러분은 중얼거릴지 모르겠다. "이렇게 복잡하게 문제를 분석하는 이유가 뭐지?" 이 장에 들어와서 조금 복잡한 것을 이야기했다. 우리는 수학문제를 삼단계로 분류하고 각각의 요소들이 무엇인지 점검하고 있는 중이다. 그리고 결국에 가서 8개의 가장 중요한 요소를 골라 [그림 3.3]에서와 같이 팔괘도를 만들고 여러분의 수학여행의 약도로 삼게 할 것이다. 그러면 왜 이런 복잡한 과정이 필요할까? 그 이유를 태권도의 옆차기를 예로 들어 설명하겠다. 처음으로 옆차기를 배울 때, 여러분은 세 단계 동작을 통해 배운다: 몸을 돌려 옆으로 서기, 발 오므려 들기, 발 옆으로 차고 오므리기. 이렇게 단계적으로 배운 옆차기는 몇 개월 내로 숙달되어 멋지게 할 수 있다. 숙련된 뒤에는 옆차기의 세 단계를 생각하거나 구분하지 않아도 잘 할 수 있다. 반면 이런 과정 없이 마구잡이로 연습한다면, 천부적인 재질이 없는 한 무척 오랜 시간의 연습을 통해 제대로 된 동작을 구사할 수 있을 것이다. 같은 이유로, 테니스, 수영, 골프, 배구, 볼링 등 각종 스포츠에서 동작들을 몇몇의 단계로 분류하여 가르치고 있다. 이러한 동작의 분석을 통해 배우고 가르치는 것이 궁극에 가서 훨씬 더 효율적인 것은 두말 할 필요가 없다.

수학에서도 마찬가지이다. 동작을 연출하는 스포츠에서 동작의 분석을 중시 여기듯, 복잡한 문제를 풀어야 하는 수학에서 복잡한 문제의 분석과정을 거치지 않을 수 없다. 이 책에서 내 주장에 조금 복잡한 곳이 있더라도 포기하지 말고 읽길 바란다. 이렇게 문제를 분석하며 풀다 보면 처음에는 복잡한 것 같아 보이지만 오래지 않아 구체적인 분류 없이도 문제를 훨씬 쉽게 풀 수 있을 것이다. 옆차기의 세 단계를 생각하지 않아도 옆차기를 멋지게 연출할 수 있는 태권도 유단자처럼.

3.2.2 두 번째 단계: '실마리찾기'에 필요한 요소들

문제를 적당히 이해했다면, 즉 미지수가 무엇이고 주어진 조건과 자료가 무엇인지 알았다면, 문제를 풀기 위한 실마리를 찾아야 한다. 실마리는 문제풀이의 논리적 배경이 되는 것이며, 문제풀이과정을 기획할 수 있게 해준다. 즉, 미지수를 찾기 위해 어떠어떠한 중간 결과가 있어야 하며 그 계산순서는 무엇인지에 대한 길을 볼 수 있게 해준다. 먼저 실마리찾기에 도움이 되는 질문이나 힌트부터 나열하겠다. 중얼거려 보자:

- 그림을 그려보자.
- 정의는 무엇인가?
- 식의 표준형을 찾아보자.
- 미지수, 조건, 자료는 어떤 관련을 갖고 있는가?
- 풀어 보았던 문제 중 유사한 문제를 기억해보자.

그림(drawing)

우리는 이미 34쪽에 있는 [예제 4]의 미지수, 조건, 자료가 무엇인지 알아보았다. 그렇다 하더라도 문제를 어디서부터 시작하여 풀어야 할 것인가 까지 알아낸 것은 아니다. 이 문제는 고등학생에겐 간단해 보이지만 많은 중학생들에겐 어렵게 느껴질 것이다. 이런 상황에 좋은 방법 중 하나는 그림을 그려 보는 것이다. [그림 3.1]을 보라. 문제의 상황에 따라 원 O와 원 P가 외접하게 그려져 있고, 그 중심을 각각 A와 B로 이름 붙였다. 그리고 A와 B를 연결하는 선분을 그려 넣었다. 어느 순간이든, 알고자 하는 것(미지수)이 무엇인지 잊지 말라. 여기서 미지수는 원 P(큰 원)의 반지름이다. 원 O의 반지름이 2라는 자료도 주어져있다. 이제 이 문제의 해결 실마리를 찾을 수 있는가?

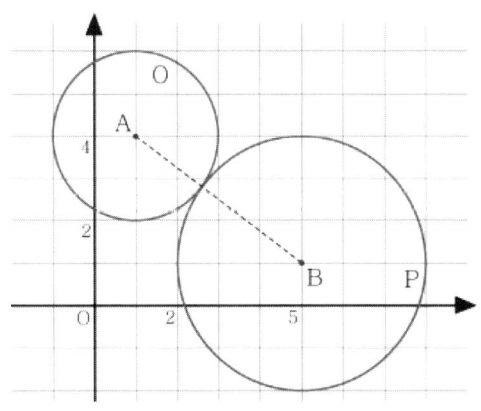

[그림 3.1] [예제 4]의 상황을 설명하는 그림

처음엔 문제의 실마리를 스스로 찾을 수 없었더라도, 그림을 보고 실마리를 찾은 학생이 많을 것이다. 특히 원 O의 중심인 A와 원 P의 중심인 B를 연결하는 선분을 보고, 선분의 길이는 두 원의 반지름의 합이라는 것을 생각해 냈을 것이다. 그래서 문제풀이의 마지막 단계인 풀이이행은 두 중심 사이의 거리를 계산하며 시작될 수 있다는 것을 알았을 것이다. 따라서 그 거리에서 원 O의 반지름인 2를 빼버리면 정답이 된다. 이처럼, 상황을 적절히 표현한 그림은 여러분의 실마리찾기에 도움이 된다. 이 문제의 풀이는 세 번째 단계인 풀이이행을 위한 요소들을 다루는 다음 절(48쪽에서 시작하는 3.2.3절)에서 보이겠다.

백문불여일견(百聞不如一見)이라는 옛말이 있다. 한서(漢書)의 조충국전(趙充國傳)에 나오는 이야기이다. 전한(前漢)의 선제 때 서북 변방의 금성군(金城郡)에서 강족(羌族)이 반란을 일으키자, 선제는 당시 76세의 후장군(後將軍) 조충국을 불러들여 강족의 토벌 방책에 대한 의견을 물었다. 조충국은 "백 번 듣는 것이 한 번 보는 것보다 못합니다. 군사란 멀리 떨어진 곳에서는 전술을 헤아리기 어려우니, 바라건대 신이 금성군을 살펴본 뒤 방책을 올리겠습니다.(百聞不如一見 兵難險度 臣願馳至金城 圖上方略)"라고 대답하였다. 조충국은 곧 현지로 달려가 지세와 강족의 동태를 살펴본 뒤, 기병보다는 둔전병(屯田兵)을 두는 것이 좋겠다는 방책을 내놓았다. 둔전병은 평시에는 토지를 경작하여 식량을 자급하고 전시에는 전투원으로 동원되는 병사를 의미한다. 이 방책이 채택된 이후 강족의 반란도 차차 수그러졌음은 물론이다.

그림을 그려보고 문제의 해결 실마리를 찾는 것은 이 고사가 표현하려는 것과는 조금 다르다. 하지만 무엇인가를 기획하고 집행할 때 실제상황을 고려하지 않은 예측과 탁상공론을 바탕으로 일을 시작하면 실패할 확률이 높아진다는 교훈을 던져주는 입장에서 보면 서로 통하는 바가 있다. 문제 상황이 자못 명확하게 보이는 경우일지라도, 그림을 그려보면 상황을 더욱 정확히 알 수 있고, 문제를 푸는 과정을 더욱 쉽게 기획할 수 있게 된다. 또한 풀이를 진행하는 동안 그림을 보며 그 진행상황을 검토해 볼 수 있기 때문에, 실수를 줄이고 문제를 보다 효과적으로 풀 수 있다. 문제를 풀 때는 조건, 자료, 정의, 변수, 관련성 등 여러 가지를 사용하여 미지수를 향하여 나아간다. 이 때 문제 상황을 설명하는 그림이 옆에 있다면 문제는 훨씬 쉽게 정복될 것이다. 병사를 이끌고 전쟁을 수행하는 장군에게 적의 허실을 밝혀주는 지도가 있다면 그 전쟁의 결과는 승리뿐일 것이다. 수학에서의 그림 그리기는 문제의 허실을 더욱 명확히 볼 수 있게 하고 해결 실마리를 드러나게 해주는 가장 중요한 문제풀이의 구성요소 중의 하나이다.

정의(definition)

실마리찾기에 있어 또 하나의 중요한 일은 정의를 생각해보는 것이다. 34쪽에 있는 [예제 2]를 보자. 문제가 묻고 있는 것은 x와 y의 평균값이다. 이 두 수의 평균값을 알기 위해서 이 두 수가 각각 무엇인지 알아야 할 필요는 없다. 이 두 수의 평균값은 두 수를 더해서 2로 나눈 값, 즉 $\frac{x+y}{2}$로 정의되어 있기 때문에 $(x+y)$를 먼저 알아도 좋고 직접 평균값을 이끌어내도 좋다. [예제 2]에 주어진 식 $5x+5y=20$의 양변

을 10으로 나누면,

$$\frac{x+y}{2} = 2$$

가 된다. 그래서 정답은 2이다. 이 예제에서는 정의를 생각함으로써 쉽게 문제의 실마리를 찾았고 정답을 구할 수 있었다. 다시 [예제 4]로 돌아가 보자. 앞에서 그림을 그려보고 이 문제의 풀이이행은 두 중심 사이의 거리를 계산함으로써 시작될 수 있다는 것을 알았다. 이 실마리를 이끌어낼 때 우리는 이미 암암리에 원의 정의를 사용하였다. 원은 한 점(중심)으로부터 같은 거리(반지름)에 있는 점들의 집합으로 정의된다. 원 O와 원 P가 외접하므로, 그 두 원의 중심 사이의 거리는 해당되는 두 반지름의 합이 될 것이다. 이는 그림을 보고 원의 정의를 암암리에 이용하여 추론되었던 것이다. 정의를 생각하는 것은 그림 그리기와 함께 가장 중요한 실마리찾기의 요소이다.

표준형(standard form)

다음으로, 문제의 해결 실마리를 효과적으로 찾기 위해 표준형을 생각해 볼 수 있다. 수학에서 표준형이라 할 때는 그 식이 수학적 문제의 표준이 된다는 입장에서 붙여진 것이다. 예를 들어 원의 표준형은 $(x-a)^2 + (y-b)^2 = r^2$인데, 이는 점 (a, b)를 중심으로 하고 반지름이 r인 원을 나타낸다. 원은 한 점(중심)에서 같은 거리(반지름)에 있는 점들의 집합으로 정의된다는 것을 감안하면 표준형은 정의와 관련이 있음을 알 수 있다. 그러므로 표준형은 유용하게 사용될 수 있다. 가끔은 기본형(basic form)이라고 부르기도 한다. 또 어떤 식에서는 같은 것을 표현하는 다른 두 식을 놓고, 하나는 표준형이라 하고 다른 하나는 기본형이라 부르기도 한다. 하지만, 그것을 유용하게 쓸 수 있다면, 이름을 어떻게 붙이던 달라질게 없다. 표준형은 실마리찾기에 이용되기도 하지만, 풀이이행 단계에서 더욱 중요한 위치를 차지하는 경우가 많다. 주어진 식을 표준형 또는 다른 식으로 변형해가며 문제를 풀어야할 때가 흔하기 때문이다. 그래서 이를 '식변형'이라는 이름으로 풀이이행의 한 요소로 다룰 것이다.

관련성(relation)

미지수, 조건, 자료의 관련성에 대해 생각해 보는 것 또한 문제의 해결 실마리를 찾는데 도움이 된다. 위에서 [예제 4]를 풀기 위한 실마리를 찾을 때, 미지수인 원 P의 반지름과 원의 중심인 자료, 그리고 서로 외접하고 있다는 조건에 대한 관계를 이미 이용하였다. 하지만 미지수, 조건, 자료 등이 처음부터 명료하게 나타나지 않거나 관계가 불분명한 문제들도 있다. 이런 문제들에 대해선 실마리를 찾기 위해, 가끔은 이런 요소들의 관계를 더욱 구체적으로 생각해야 한다. 다음 장에서 더 복잡한 문제들을 풀 때, 우리는 문제의 요소들 간의 관련성이 실마리찾기에 중요한 역할을 하고 있음을 볼 것이다.

유사성(similarity)

마지막으로, 풀어보았던 문제나 축소시킨 문제로부터 유사성을 찾아내어 실마리를 찾아낼 수 있다. 1000명의 사람들이 문을 열고 닫으며 지나는 예제에서 우리는 (처음 10명으로 하는) 축소된 문제를 풀어보고 실마리를 찾았다. 풀어보았던 문제로부터 유사성을 발견하고 문제를 풀 수도 있다. 이처럼 유사성을 이용하면 문제의 실마리를 찾고 풀이를 이행하는데 도움이 된다. 이 책에서 아직 우리는 많은 문제를 풀어보지 않았다. 다음 장에 나오는 문제들 중에 여기 3장에서 다룬 문제로부터 유사성을 발견해서 문제의 해결 실마리를 찾아가는 예제가 있을 것이다.

지금까지 실마리찾기에 필요한 요소로 그림, 정의, 표준형, 관련성, 유사성을 생각했다. 이 중에, 표준형은 풀이이행의 한 요소인 식변형의 일부로 봐도 좋다. (51쪽에서 시작하는 '식변형'에서 설명하겠다.) 그리고 유사성은 경험의 산물이며 경험과의 관련성이라고 봐도 좋다. 그래서 요소간의 관련성과 경험과의 관련성(유사성)을 합친 넓은 의미의 관련성을 생각할 수 있다. 우리는 그림, 정의, (넓은 의미의) 관련성을 '실마리찾기의 3요소'로 삼을 것이다. 58쪽에 있는 [그림 3.3]에 이 요소들을 그려 넣었다. 이들은 문제의 실마리를 찾는데 필요할 뿐 아니라, 문제의 풀이과정 내내 이용되기도 한다.

3.2.3 세 번째 단계: '풀이이행'에 필요한 요소들

이제 마지막으로 풀이이행에 필요한 요소들을 생각해 보자. 앞에서와 같이 스스로에게 던져야 할 질문이나 힌트를 먼저 나열하겠다. 스스로에게 질문해 보자:

- 변수를 적절히 도입해보자.
- 식을 변형해 보자
- 조건과 자료는 모두 사용했는가?
- 미지수는 무엇인가?

변수(variable)

변수의 도입은 대개의 설명형 문제의 풀이에 있어 필수적이다. 문제의 상황을 수학식으로 이끌어가기 위해서는 변수가 필요하기 때문이다. 그래서 변수를 도입한다는 것은 문제의 상황을 변수들과의 관계로 성립시켜 간다는 것을 의미한다. 34쪽에 있는 [예제 3]을 우리는 문제이해를 통해 풀어보았다. 하지만, 여러분이 원한다면, 변수를 도입해서 연립방정식의 방법으로 풀 수도 있다. 두 미지수인 토끼와 거위의 마리 수를 위해 변수 x와 y를 각각 도입해보자. 이 순간 여러분은 이 두 변수에 대해 적절한 관계식을 세워야 한다는 것을 느낄 것이다. 막상 무엇을 해야 할지 모를지라도, 변수를 도입하고 나면 뭔가 일이 진행 되겠구나 라는 것을 느낄 수 있다. 그렇다. 많은 문제에서 변수만 적절하게 도입해도 문제의 풀이가 거의 완성된 것처럼 보일 때가 있다. 이 상황을 시작이 반이라고 할까. 많은 학생들이 변수의 도입만으로도 문제의 숨은 의미를 찾았던 경험이 있었을 것이다.

변수를 도입한 목적은 적절한 식을 세우려는 것이므로, [예제 3]을 위해 이제 막 새로 도입된 두 변수에 대해 식을 세워보자. 토끼와 거위가 모두 20마리라는 말은 $x+y=20$이고, 징을 쳐 이 짐승들이 발의 반을 들고 있을 때 땅을 닿고 있는 발의 개수가 28개라는 말은 $2x+y=28$이다. 왜냐하면 토끼는 각각 두 개의 발을 땅에 닿고 있기 때문에 토끼의 발 개수는 $2x$이고, 거위는 발을 하나씩만 땅에 닿고 있기 때문에 발의 개수는 거위의 마리 수 y와 같기 때문이다. 그럼, 이 두 식을 정리해보자:

$$x+y=20$$
$$2x+y=28$$

이제 남은 일은 위의 연립방정식을 푸는 것이다. 아래 식에서 위 식을 빼면,

$$x=8$$

이를 위 식에 대입하여 정리하면

$$y=20-x=20-8=12$$

따라서 정답은 토끼가 8마리이고 거위가 12마리이다.

[예제 4]를 생각해보자. 이 문제를 풀 때에도 우리는 변수를 도입할 필요가 있다. 먼저 미지수인 원 P의 반지름을 x라 하자. 그리고 43쪽의 [그림 3.1]에서 보였듯, 두 원의 중심사이의 거리를 d라 한다면 피타고라스 정리[2])를 이용해 이를 구할 수 있다. 두 원의 중심이 각각 (1, 4)와 (5, 1)이기 때문에,

---

2) 피타고라스 정리는
      직각삼각형의 빗변의 제곱은 다른 두 변의 제곱의 합과 같다.
고 표현할 수 있다. 직각을 끼고 있는 두 변의 길이를 a, b라 하고 빗변의 길이를 c라 하면, $a^2+b^2=c^2$의 관계를 가진다.

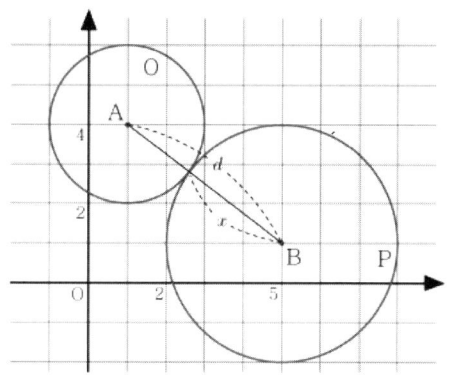

$$d = \overline{AB} = \sqrt{(5-1)^2 + (4-1)^2} = \sqrt{16+9} = 5$$

이제 두 원의 중심 사이의 거리가 두 원의 반지름의 합과 같아야 된다는 관계를 이용하자. 원 O의 반지름이 2이기 때문에,

$$x + 2 = d = 5$$

그래서 $x = 3$. 이것이 원 P의 반지름을 표현하는 답이다.

물론 위의 예제들을 풀 때, 변수를 도입한 것은 물론 문제이해의 구성요소들과 실마리찾기의 구성요소들 간의 관련성을 이용했다. 그리고 미지수를 향하여 풀이를 이행했다.

식변형(transform)

이제, 표준형이나 식변형의 유용성을 보기 위해 [그림 3.2]에서처럼 이차함수를 그려보자. 이 이차함수의 그래프 위에 가장 의미 있어 보이는 한 곳을 찾아 점을 찍어라 한다면, 여러분은 어디에 낙점하고 싶은가? y절편에 점을 찍은 학생도 있고, 꼭짓점에 점을 찍은 학생도 있고, 또는 어떤 다른 지점에 점을 찍은 학생도 있을 것이다. 여러분이 y절편과 꼭짓점 외의 다른 지점에 점을 찍었다면, 왜 그 점이 의미 있어 보였냐고 스스로에게 물어보라.

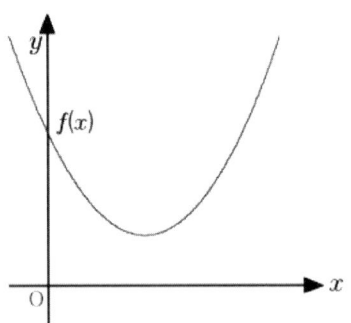

[그림 3.2] 이차함수의 그래프
$$y = f(x)$$

[그림 3.2]에서 y절편은 $x=0$일 때의 함수의 값을 표현하고 있으니 의미가 있다. 꼭짓점은 더 중요한 의미를 가진다. 그 점을 중심으로 함수가 좌우대칭이 되고, 그 점에서 함수가 최솟값 또는 최댓값을 갖는다. 그래서 이차함수 $y = ax^2 + bx + c$를 꼭짓점을 내포하는 식으로 변형해서 표현하기도 한다. 식을 변형해 보자.

$$\begin{aligned} y &= ax^2 + bx + c \\ &= a\left(x^2 + \frac{b}{a}x\right) + c \\ &= a\left\{x^2 + \frac{b}{a}x + \left(\frac{b}{2a}\right)^2 - \left(\frac{b}{2a}\right)^2\right\} + c \\ &= a\left\{x^2 + \frac{b}{a}x + \left(\frac{b}{2a}\right)^2\right\} - a\left(\frac{b}{2a}\right)^2 + c \\ &= a\left(x + \frac{b}{2a}\right)^2 - \frac{b^2 - 4ac}{4a} \end{aligned}$$

위의 식에서 $a > 0$이라고 하면, 이차함수의 그래프는 [그림 3.2]에서처럼 산골짜기 모양을 하게 되고, $x=-\dfrac{b}{2a}$ 일 때 최솟값 $y=-\dfrac{b^2-4ac}{4a}$ 을 갖는다.[3] 이때의 (x, y)는 이 함수의 그래프의 꼭짓점이 된다. 꼭짓점을 (α, β)라 하면, 위의 식은 다음과 같이 쓸 수 있다.

$$y = ax^2 + bx + c = a(x-\alpha)^2 + \beta,$$
$$\alpha = -\dfrac{b}{2a}, \ \beta = -\dfrac{b^2-4ac}{4a}$$

34쪽에 있는 [예제 6]의 문제풀이에 있어, 주어진 함수식을 꼭짓점을 포함한 표준형(완전제곱식)으로 바꾸면 쉽게 그 답을 찾을 수 있다. 즉,

$$f(x) = x^2 - 4x + 5 = (x^2 - 4x + 4) + 1 = (x-2)^2 + 1$$

이다. 따라서 꼭짓점은 (2, 1)이고, 함수의 최솟값은 1이다($x=2$일 때). 물론 고등학생 중에 미분을 배운 학생들은 미분을 이용하여 이 문제를 효과적으로 해결할 수 있겠지만, 여기서는 다루지 않겠다.

이처럼 식변형은 문제에 내포된 중요한 의미를 볼 수 있게 해주고 문제의 풀이이행에 결정적인 요소가 된다.

조건과 자료의 사용

문제를 다 풀고 나서는 주어진 조건이나 자료 중, 사용되지 않은 것이 있는지 살펴봐야 한다. 수학문제는 그 구성에 있어

---

[3] $a<0$ 일 때, 이차함수의 그래프는 [그림 3.2]에서와 반대로 산봉우리 모양을 하게 된다. 그래서 $x=-\dfrac{b}{2a}$ 일 때 최댓값 $y=-\dfrac{b^2-4ac}{4a}$ 을 갖는다.

필요 없는 정보를 포함하는 경우가 거의 없다. 풀이를 이행할 때, 어떤 정보가 쓰일 때마다 그 쓰인 정보에 대해 밑줄을 그어가며 문제를 푸는 것은 좋은 습관 중의 하나이다. 문제를 다 풀고 나서 정보사용 여부를 점검하는 데 도움이 되기도 하지만, 문제의 풀이과정에서 아직 쓰이지 않은 정보를 쉽게 찾을 수 있다는 장점이 있다.

하지만 가끔은 힌트를 주기 위해 없어도 되는 정보를 문제에 포함시키는 경우가 있다. 34쪽에 있는 [예제 5]를 보자. 먼저 주어진 정보를 다 이용하여 문제를 푼다면 다음과 같다.

정사각형의 넓이가 25㎠이기 때문에 각 변의 길이는 5㎝이다. 그래서 각각의 삼각형의 둘레가 20㎝이기 때문에, 삼각형들의 세로 변(5㎝)을 제외한 둘레는 각각 15㎝가 된다. 그래서 전체 그림의 둘레는 15+15+5+5=40㎝이다.

이제 [예제 5]와 유사한 문제를 생각해 보자.

[예제 5′] 정사각형과 두 개의 삼각형이 아래 그림과 같이 연결되어 있다. 두 삼각형의 둘레가 각각 20㎝라면, 전체 그림의 둘레는 얼마인가?

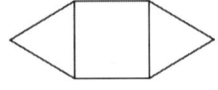

위의 [예제 5′]에는 정사각형의 넓이가 25㎠라는 정보가 없다.

이 문제의 실마리를 찾을 수 있는가? 내가 성급한 질문을 던졌을지 모른다. 문제의 이해 없이는 실마리찾기가 쉽지 않기 때문이다. 여러분이 이미 실마리나 정답을 찾았다면, 먼저 문제이해가 선행되었을 것이다. 문제이해가 반드시 구체적일 필요는 없지만, 실마리를 찾지 못하고 있다면 구체적인 문제이해가 필요하다. 조목조목 따져보는 것이 바로 그것이다. 미지수는 무엇인가? 전체 그림의 둘레. 자료는? 두 삼각형의 둘레가 각각 20㎝. 조건은? 정사각형과 두 개의 삼각형이 그림과 같이 연결되어 있다는 것. 그럼, 이 문제의 해결 실마리는 어디에 있는가? 다음과 같이 중얼거려 보라:

삼각형들은 둘레가 각각 20㎝라는 조건 외에 어떤 모양이어도 상관없어 보인다. 사각형에 대해서는 정사각형이라는 조건이 있다. 정사각형. 그래, 여기에 실마리가 있을지 몰라. 그럼, 정사각형의 정의는?

이제 실마리를 찾았는가? 아직 찾지 못했어도 좋다. 함께 찾아보자.

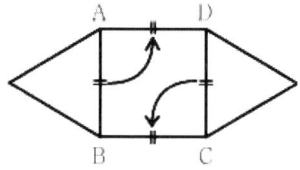

정사각형은 가로와 세로의 길이가 같다. 그래서 삼각형의 세로가 되는 변의 길이는 사각형의 가로가 되는 변의 길이와 같고, 위의 그림에서와 같이 삼각형의 세로 변을 사각형의 가로변과 겹치도록 펼쳐볼 수 있다. 즉, 선분 AB를 선분 AD로 펼치고 선분 DC를 선

제3장 수학의 약도(略圖)를 그리자

분 BC로 펼친 뒤, 마음속으로 선분 AB와 DC를 지워보라. 그러면 여러분은 '두 삼각형의 둘레의 합이 전체 그림의 둘레와 같다'는 것을 알게 될 것이다. 그래서 정답은 [예제 5]에서와 마찬가지로 40cm이다. (두 삼각형의 둘레는 각각 20cm이다.)

[예제 5]와 [예제 5´]는 유사하지만, 약간 다른 풀이방법을 요구한다. [예제 5]가 여러분에게 좀 더 풀기 쉬운 문제일 것이다. 정사각형의 넓이가 주어지지 않아도 되지만, 그 넓이를 말함으로써 정사각형의 구체적인 모습을 보여주고 있다. 즉, 정사각형의 각 변의 길이가 5cm라는 말과 같기 때문이다. 이처럼, 문제의 구체적인 모습이 드러나게 하기 위해, 그래서 문제를 좀 쉽게 만들기 위해, 없어도 되는 정보가 첨가되기도 한다. 그래서 가끔은 문제의 정보를 모두 이용하지 않아도 문제를 풀 수 있다. ([예제 5]에서 정사각형의 넓이가 25cm²라는 정보는 풀이방법에 따라 쓰이지 않을 수 있다.) 하지만, 주어진 정보를 빠짐없이 이용했는가를 점검하는 습관을 가져야 한다.

미지수(unknown)

문제를 풀기 시작해서부터 끝마칠 때까지 잊지 말아야 할 것은 미지수이다. 미지수는 문제이해의 요소이며 문제풀이의 궁극적 목적이다. 그래서 미지수를 풀이이행의 한 요소로 다시 삼겠다.

문제의 풀이이행에 있어 가장 중요한 세 가지 요소를 찾는다면, 변수, 식변형, 그리고 미지수이다. (조건과 자료를 모두 사용했는가를 점검하는 것도 중요하지만, 많은 경험을 하다 보면 일일이 점검하지 않아도 암암리에 알게 된다.) 또한 문제이해의 3요소나 실마리찾기의 3요소는 풀이이행의 과정에서도 중요한 요소들임을 명심하자. 즉 우리가 새로이 뽑은 풀이이행의 3요소는 보다 효율적인 풀이이행을 위한 부가적인 3요소인 셈이다.

우리는 이 장에서 문제풀이에는 문제이해, 실마리찾기, 풀이이행의 세 단계가 있고 각 단계에는 여러 가지 요소가 있음을 배웠다. 그리고 그 중에서 각각 세 개의 가장 중요한 요소를 찾아 3요소로 삼았다. 이 3요소는 여러분의 가슴에 자리하여, 여러분의 귓가에다 질문이나 조언 또는 경고를 아끼지 않을 것이다. 이들을 다음과 같이 정리해보자.

단계 1 : 문제 이해	단계 2 : 실마리 찾기	단계 3: 풀이이행
미지수는?	그림을 그려보자	변수를 도입하자
조건은?	정의는?	식변형을 해보자
자료는?	관련성은?	미지수는

그리고 여러분의 편의를 위해 이 3요소들을 [그림 3.3]에서와 같이 수학문제 풀이의 약도(팔괘도)로 만들어 보았다. 이 약도를 복사하여 책상 앞에 붙여놓아도 좋고, 포스트잇을 끼워놓고 수시로 쳐다보아도 좋다. 팔괘도가 복잡해 보이는 학생들은 위의 도표를 사용해도 좋다. 이 약도에서 한 가지 흥미로운 것은, 마주 보고 있는 요소들끼리 서로 밀접한 관계가 있다는 것이다. 미지수는 문제의 목적지이지만 정의는 문제의 출발점이고, 조건은 문제 상황을 설명하는 한편 관련성은 풀이과정의 상황을 대변한다. 자료는 크고 작

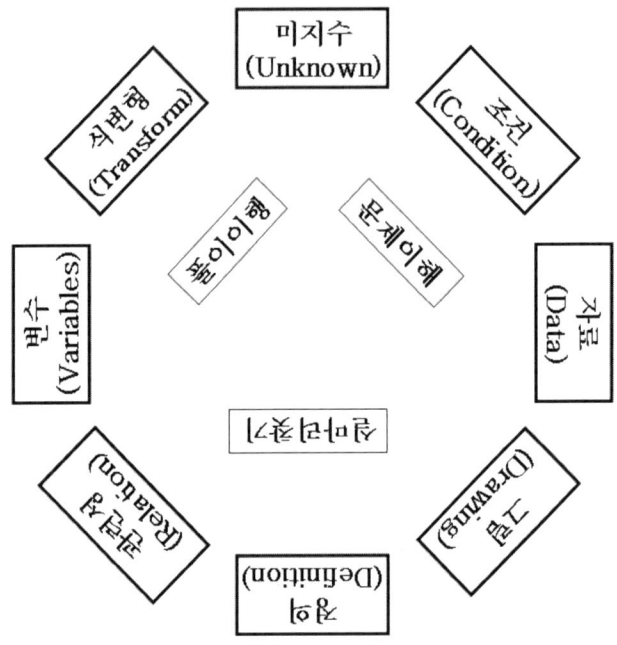

[그림 3.3] 수학문제 풀이의 약도

은 정보를 의미하지만 변수는 그 정보를 표현하기 위해 도입된 기호이고, 그림과 식변형은 각각 기하학적인 측면과 대수적인 측면에서 풀이과정의 기획에 관여한다.

4장에서 위의 요소들을 종합적으로 이용하는 예제들을 다룰 것이다. 문제풀이의 3단계 중 문제이해와 실마리찾기가 문제풀이의 성패를 좌우하지만, 마지막의 풀이이행 단계도 소홀히 해서는 안 된다. 우리는 이 세 단계를 종합적으로 활용하여 문제풀이과정을 기획하는 방법을 배울 것이다. 수학을 기술이라고 할 때, 기술이 좋다는 것은 문제이해와 실마리찾기에 능하다는 것을 뜻한다.

3.3 운전과 약도

앞에서 우리는 문제풀이를 운전하는 것과 비유했다. 목적지를 주지하고 도로사정과 기타 여러 가지 상황을 파악하는 것은 안전운전과 예정된 시간에의 도착을 위해 필요한 사항들이다. 여러분은 여러분의 부모님이나 친지가 운전을 시작할 때, 자그마한 약도를 그려 운전석 근처에 올려놓거나 붙여놓고 운전하는 모습을 보았을 것이다. 운전을 하는 동안엔 정보가 많은 큰 지도보다 운전자의 구미에 맞는 약도가 훨씬 간단하고 효과적이다. 마찬가지로, 여러분이 수학공부를 하거나 또는 주어진 시간에 많은 문제를 풀어야 하는 상황에서, 여러분의 구미에 맞는 수학의 약도가 필요하다. 나는 이 책에서 [그림 3.3]의 팔괘도를 '수학의 약도'로 보여주고 있다. 하지만, 그 약도가 여러분의 구미에도 맞아야 한다고 주장하고 싶지 않다. 대신, 만약 구미에 맞지 않는다면 여러분의 구미에 맞도록 고칠 것을 권장한다.

다음 장에서부터 우리는 다양한 문제 상황에서 위의 약도의 유용성을 타진해 볼 것이다. 만약 내 주장에 수정해야 할 점이 있다고 느끼고 더 좋은 방법을 발견할 수 있다면, 내 이론을 따를 필요가 없다. 운전자의 마음에 들지 않는 약도는 보아야 도움이 안 될 뿐 아니라, 보고 혼돈을 느낀다면 사고의 위험만 높아질 것이다.

또 하나 여러분에게 말하고 싶은 것은, 만약 여러분이 문제를 들여다보고 즉시 문제의 실마리를 찾아 문제를 풀 수 있다면, 그 문제에 대해선 약도를 사용할 필요가 없다. 여러분의 가슴에는 이미, 주어진 문제를 풀만큼의 약도가 여러분의 구미에 맞게 새겨져 있다는 뜻이다. 그러다가 어려운 문제에 봉착하거든 약도를 슬쩍 보라. 이는 마치 운전자가 이미 잘 알고 있는 부분의 길을 달릴 때는 약도를 볼 필요가 없고, 모르는 길이 나타날 때부터 약도를 힐끗힐끗 보는 것과 같다.

이제 여러분은 이 책의 핵심부분을 마쳤다. 다음 장의 응용문제 풀이에 앞서, 다음 문제를 생각해 보자:

> x축과 y축과 직선 $y = mx + 2b$로 이루어진 삼각형이 있다. $m = -b^2 (b \neq 0)$이라면, 이 삼각형의 넓이는 얼마인가?

(정답: 2.)

전에는 복잡해 보이는 문제를 만나면, 어디서 시작해야 할지 몰랐을 뿐 아니라 어렵다는 생각 외엔 아무 생각이 나지 않았을 것이다. 이제 어떤가? 위의 문제를 읽고 나서 무엇을 생각했는가? 미지수, 조건, 자료를 생각하며 문제를 이해하려 했을 것이고, 그림 그리기, 정의, 관련성을 따져보려 했을 것이다. 여러 가지 방법으로 풀어보고 주어진 정답과 맞추어보려 했을 것이다.

이 시점에서 위 문제를 풀지 못했더라도, 최소한 문제를 향해 머리를 굴려 도전해보려 했을 것이다. 만약 그랬다면, 여러분에겐 수학 문제풀이에 대한 혁명적인 관점의 변화가 일어난 것이다. 여러분은 이제 고지가 저만치 보이는 곳에 와 있다. 다음 장에서 보여주는 응용문제를 풀어가며, 『3단계 8요소법』을 확실히 소화하길 바란다. 그리고 여러분의 숙제나 시험문제를 푸는데 활용하길 바란다. 어려운 문제를 만나더라도 두려워 말고, "너와 나, 누가 이기나 보자!"라고 마음을 다지라. 여러분은 이제 적의 허실을 그린 약도를 손에 쥔, 그래서 승전이 약속된, 장군임을 잊지 말자.

반면, 여러분이 이 장에서 말한 3단계 8요소법을 이해하지 못하고 위의 문제에 겁부터 났을지라도 조금도 실망하지 말자. 우리는 '수학문제 푸는 법'을 생각했다. 이는 작은 이슈도 아니고, 쉽게 설명할 수 있는 것도 아니고, 쉽게 이해할 수 있는 것도 결코 아니다. 어쩌면 여러분은 이런 종류의 문제풀이법을 한 번도 들어본 적이 없을 것이다. 그렇다면 당연하지 않는가. 이 책이 말하는 것이 어려울 밖에.

잡힐 듯 잡히지 않는 것들이 여러분의 머리를 뛰어다니고 있다는 것을 나는 안다. 여러분이 만약 이해가 부족하다고 느끼고 있다면 다음 장으로 가지 말고, 15쪽에서 시작하는 2장이나 29쪽에서 시작하는 3장으로 돌아가 다시 읽어보길 권한다. 처음에 이 책을 읽을 때는 이 책에서 말하려는 것(목적지)을 알지 못했기 때문에 중간의 내용들이 어렵게 느껴졌을 것이다. 하지만 다시 한 번 더 읽는다면, 그 어려웠던 부분이 왜 그랬었고 그래야만 했는지 잘 이해하게 될 것이다. 이는 마치 책의 미지수를 알고 그 책을 읽어가는 것에 비유된다. 이 책을 아직 풀지 못했다면, 다시 읽고 꼭 풀어 보라.

앞의 문제의 풀이는 다음 장에서 제시하겠다.

쉬어가는 페이지

수학을 운전하기 전에 다시 잠깐 쉬어 가자. 여기에 수록된 '또라이 수학자'는 수학자가 즐길 수 있는 색다른 면을 표현한 낙서시이다. 주어진 질문에 대한 답은?

또라이 수학자

김성재

나는 말의 개수를 세는 습관이 있다.
말하는 동안, 말을 따라가며 그 개수를 세는 일은
일견 복잡해 보이지만 자꾸 연습하다 보면 잘 할 수 있다.
내 말뿐 아니라 상대의 말까지도 개수를 따로따로 센다.
길을 걸으며 대화할 때면
지나가는 사람과 자동차의 수까지 모두 따로따로 개수를 센다.
그것뿐인가.
8을 가장 좋아하는 까닭에
센 숫자들이 8의 배수가 되길 기원하기도 한다.

지나친 사람들의 머릿수나 자동차 수는
8의 배수가 되지 않을 수 있지만,
내 말의 개수는 8의 배수가 되게 할 수 있다.
만약 여의치 않아 8의 배수가 안 되면 마음속으로 나머지 말을 한다.
예를 들어, 한 개에서 일곱 개의 필요한 말에 대해
1: 핫
2: 앗싸
3: 뻥이요
4: 기가 막혀
5: 가랑비 뚝뚝
6: 또라이 수학자
7: 왼쪽으로 누울까
라고 비 맞은 중처럼 중얼거리며 말의 개수를 8의 배수가 되게 한다.

이 글에서, 본문의 말 개수를 모두 세어보면 삼백육십오 개다. 한 해의 날의 개수. 8의 배수가 되기 위해 세 개의 말이 더 필요한데 그럼 내가 무엇이라 중얼거릴까?

제 4 장
수학을 운전(運轉)하자 : 3단계 8요소의 응용

 이제 우리는 앞에서 배운 『3단계 8요소』 수학문제 풀이 법을 응용하여 문제를 풀 것이다. 이 장에 수록된 문제들은 미국의 대학입시 수능시험이라 할 수 있는 SAT 수학시험 수준의 문제들로서, 대부분 미국의 유명학습지 회사인 ARCO [1], Princeton Review[3, 5], KAPLAN [6]의 SAT 학습지에서 발췌하여 나름대로 각색한 것이다.

 여기에 있는 문제들은 여러분에게 쉬울 수도 있고 어려울 수도 있다. 문제가 쉽거든 쉬운 대로 빨리 지나가되 건너뛰려 하지 말라. 문제가 어렵게 느껴지는 학생들에게 하고 싶은 말은 포기하지 말라는 것. 이 문제들의 목적은 여러분에게 *문제의 실마리 찾기 훈련*을 시키는 것이다. 실마리를 찾고 나면, 문제를 해결하는 것은 상대적으로 쉬운 일이다.

쉽다 하여 한 번에 해결할 수 있다는 말은 아니다. 잘못 찾아진 실마리로 문제를 풀기 시작했다면, 또는 풀이과정에 실수가 있었다면, 그 문제를 성공적으로 끝마칠 수가 없을 것이고, 문제를 다시 풀기 시작해야 할 때도 있을 것이다. 이 때, "왜 나는 한 번에 못하고 이렇게 두세 번씩 해야 하지?"라고 말하지 말라. 문제 하나를 풀기 위해 몇 번씩 시도하는 것은 수학을 잘 하는 학생에게도 흔히 있는 일이다. 문제를 해결할 때마다 자신에게 축하를 보내며 한걸음씩 앞으로 나아가길 바란다.

이제, 응용문제들을 풀어감에 있어서 나는 3단계 문제공략법을 이용해 여러분을 유도할 것이다. 즉, 나는 여러분에게 세 단계로 나누어진 문제 풀이과정을 보여주려 한다.

1. 실마리 찾기 유도 질문/조언 : 이는 여러분의 실마리 찾기를 돕기 위한 것으로, 주로 수학의 약도(팔괘도)에서 선택될 것이다.
2. 실마리 예시 : 여러분에게 가장 중요한 일은 실마리를 찾는 것이다. 문제풀이에 소요될 시간의 대부분이 실마리 찾기에 쓰이게 될 것이다. 하지만, 실마리는 문제 풀이과정에 따라 다를 수 있다. 그래서 여러분이 찾은 실마리도 풀이이행을 성공적으로 유도할 수 있다면 올바른 실마리이다.
3. 풀이와 해설 : 기존의 참고서에서 볼 수 있는 종류의 풀이와 해설과는 색다른 풀이와 해설이 주어질 것이다. '사고 중심의

풀이' 즉, 풀이를 이행하고 있는 풀이자(여러분)의 사고과정을 바탕으로 한 풀이. 이런 풀이의 목적은 여러분에게 수학적 사고를 훈련하기 위함이다.

나는 여러분이 혼자 힘으로 실마리 찾기를 시도하고 문제풀이까지 성공하길 바라기 때문에 '실마리 찾기 유도 질문/조언'만을 문제 바로 밑에 정답과 함께 제시할 것이다. '실마리 예시'는 83쪽에서 시작하는 4.2절에 주어져 있고 풀이와 해설은 85쪽에서 시작하는 4.3절에 수록되어 있다.

여러분이 혼자 힘으로 실마리를 찾고 문제를 풀어 그 답이 주어진 정답과 맞으면 4.2절에 있는 실마리를 볼 필요가 없다. 여러분의 답이 이미 정답이라면 여러분의 실마리찾기와 풀이과정엔 틀림이 없을 것이다. 이 경우, 주어진 실마리와 풀이와 해설을 보지 않고 곧 다음 문제로 나아가도 좋고, 주어진 풀이와 해설을 읽으며 여러분의 풀이과정을 재고해 봐도 좋다.

설령 여러분에게 혼자 힘으로 해결할 수 있는 문제보다 풀이와 해설까지 봐야 하는 문제가 많을지라도 용기를 잃지 말라. 이 장을 마칠 즈음에 여러분은 '아하!'하는 감탄사로 여러분의 가슴을 가득 채울 일이 있을 것이다. 주어진 풀이와 해설을 읽어가며, 문제의 효과적인 풀이이행을 위해 여러분은 어떻게 사고해야 하는지 알게 될 것이기 때문이다. 나는, 이런 문제 풀이를 '사고 중심의 풀이'라 부른다. 기존의 참고서에서 많은 풀이를 읽고도 유사문제에 대해 어디서부터 풀이를 시작해야 할지 몰랐던 이유는, 그 풀이들이 풀이자의 사고과정을 고려하지 않고 쓰였기 때문이다. 사고 중심의 풀이의 주요 목적은, 여러분에게 수학적 사고를 유도하기 위한 것이다.

4.1 중얼거리며 문제풀기

문제를 풀 때 자기 스스로에게 질문하는 것은 좋은 습관이다. 미지수는? 조건은 뭐야? 자료는? 이들의 관련성은? 정의는? 그림을 그려볼까? 변수는 어떻게 도입하지? 식변형은? 이런 질문에 스스로 대답하며, 여러분은 더욱 효과적으로 문제를 이해하고 실마리를 찾고 문제풀이를 이행 할 수 있다. 문제를 풀어가며 이런 질문들의 유용성을 이해하게 될 것이다.

편의상 문제를 대수적인(Algebraic) 문제와 기하적인(Geometric) 문제의 두 분야로 분리하고, 먼저 대수적인 문제부터 풀어 볼 것이다. (산수적인 (Arithmetic) 문제들은 대수적인 문제에 포함시켰다.) 여러분이 만약 기하적인 문제를 더 좋아한다면, 75쪽에서 시작하는 4.1.2절부터 풀고, 4.1.1절로 돌아와도 좋다.

여러분의 편의를 위해 문제 아래 여백을 제공하겠다. 그 여백에 풀이를 이행하길 바란다. 이 책을 다시 읽을 기회가 있을 때, 여러분의 수학문제 풀이 수준이 어느 정도였는지를 짐작할 수 있을 것이다.

4.1.1 대수적인(Algebraic) 문제들

대수적인 문제들의 성공적인 실마리찾기를 위해, 문제이해를 위한 3요소 외에, '정의는 무엇인가?'라는 질문을 자주 중얼거리게 될 것이다.

[문제 4.1] 다섯 개의 양수의 평균 (산술평균)이 8이다. 이 중 가장 작은 수와 가장 큰 수의 평균이 11이라면, 나머지 세 수의 평균은 얼마인가?

[중얼중얼] 미지수는? 자료는? 조건은? 평균의 정의는? 변수를 도입해 보자.

정답 : 6 (실마리 : 83쪽, 풀이 : 85쪽)

[**문제 4.2**] 한 스포츠용품점에서 하얀 색과 노란 색의 테니스공을 동일한 개수로 주문했다. 그런데 공장으로부터 20개의 하얀 공이 여분으로 배달되었고, 이 때 하얀 공과 노란 공의 개수의 비율이 6:5가 되었다. 이 스포츠용품점에서 원래 주문했던 공은 몇 개였는가?

[**중얼중얼**] 미지수는? 자료는? 조건은? 미지수를 위해 변수를 도입해 보자. 이 변수의 조건과 자료와의 관련성은?

정답 : 200 (실마리 : 83쪽, 풀이 : 86쪽)

다음 문제는 농도에 관한 문제이다. 많은 학생들이 농도문제에 어려움을 느끼고 있을 것이다. 왜 그럴까? 한 가지 이유는 용어에 대한 혼란이다. 농도문제에는 용액, 용매, 용질이라는 단어들이 섞여 있는데, 이 중 용매와 용질을 구별하기 위해 생각을 가다듬어야 했던 학생들이 있을 것이다. 용질(溶質)은 '용액에 녹아 있는 물질'이고, 용매(溶媒)는 '용액의 매개체'라는 뜻이다. 용매의 '매'는 '매개체(媒介體)'의 '매'와 같은 자이다. 소금물에서 소금이 녹아 떠다닐 수 있도록 물이 매개체 역할을 해 주고 있다. 그래서 소금물(용액)에서 소금은 용질이고 물은 용매가 된다.

농도문제는, 원래의 용액에 용매나 용질을 첨가했을 때의 변화된 농도를 결정하거나, 정해진 농도를 맞추기 위해 첨가해야 할 용매나 용질의 양을 구하는 문제가 주를 이룬다. 그럼, 이런 문제를 풀 때 제일 먼저 해야 할 것은 무엇일까? 즉, 실마리는 무엇일까? 중얼중얼:

'원래의 용액에 들어 있는 용매와 용질의 양을 구하는 것.'

용액의 '구체적인 성분'을 찾는 일부터 시작하라는 뜻이다.

농도문제에서는 농도가 '퍼센트'로 주어지기도 하고 '용매(물)와 용질(소금)의 양의 비율'로 주어질 수도 있다. 문제가 무엇으로 주어지던, 주어진 것을 편할 대로 고쳐 쓰면 된다. 예를 들어, 농도가 75%라는 것은 100 중에 용질이 75이고 용매는 나머지인 25(=100−75)라는 뜻이다. 따라서 75%를 용매와 용질의 양의 비율로 표현하면 25 : 75 = 1 : 3이다. 역으로, 용매와 용질의 양의 비율이 2 : 3이라면 그 용액이 5(=2+3)일 때 그 중에 3이 용질이라는 뜻이다. 그래서 이때의 농도는 $\frac{3}{2+3} \times 100 = 60\%$가 된다.

다음 문제는 그 풀이 뒤에 유제를 달아 놓았다. 여러분이 만약 농도문제에 자신이 없다면, 87쪽에 있는 아래 문제의 풀이와 그 뒤에 이어지는 유제와 그 유제의 풀이까지 꼭 읽어보길 바란다.

[문제 4.3] 물과 액체 Y를 2:3으로 섞어 40리터의 용액을 만들었다. 만약 이 용액을 75% Y용액으로 바꾸려면, 첨가해야 할 액체 Y의 양은 몇 리터인가?

[중얼중얼] 미지수는? 자료는? 조건은? '물과 액체 Y를 2:3으로 섞어 40리터의 용액을 만들었다'는 것의 뜻은? 변수를 도입하자.

정답 : 24 (실마리 : 83쪽, 풀이 : 87쪽)

지금까지 문제이해를 위한 3요소를 문제마다 중얼거렸다. '미지수는? 자료는? 조건은?' 다음부터 나오는 문제들에 대해서는 문제이해에 대한 이 중얼거림을 명시하지 않겠다. 하지만 여러분은 잊지 말고 먼저 중얼거리길 바란다. 꼭 잊지 말기로 약속.

[문제 4.4] 일직선 위에 네 개의 점을 찍고, 이 점들을 한 쪽으로부터 순서대로 A, B, C, D라 이름 붙였다. BC와 CD의 거리의 비율이 2:3이고 AB와 BD의 거리의 비율이 1:2라 하자. 이 때, AB와 CD의 거리의 비율을 구하라.

[중얼중얼] 그림을 그려 보자. 주어진 자료와 미지수 ($\overline{AB}:\overline{CD}$)와의 관련성은?

정답: 5:6 (실마리: 83쪽, 풀이: 91쪽)

다음 문제의 목적은 일견 복잡해 보이는 문제라 할지라도, 적당히 조작하다 보면 쉽게 풀 수 있다는 것을 보여 주려는 것이 목적이다. 물론 식변형은 주어진 자료나 조건을 이용할 수 있는 방향이어야 한다.

[문제 4.5] $\dfrac{a}{b}+a=10$일 때, $\sqrt{\dfrac{2a+2ab-4b}{b}}$의 값을 구하라.

[중얼중얼] 자료를 적절히 이용할 수 있는 식변형을 해보자.

정답 : 4 (실마리 : 83쪽, 풀이 : 92쪽)

[문제 4.6] 양수 x에 대해, $*x* = \dfrac{x\sqrt{x}}{2}$라 정의하자. 만약 $*m* = 32$라면, $*4m*$의 값은 얼마인가?

[중얼중얼] 수식 $*x*$의 정의를 이용하자.

정답 : 256 (실마리 : 83쪽, 풀이 : 92쪽)

다음으로 우리는 약수와 배수에 관련된 문제를 풀 것이다. 약수와 배수의 문제들은 소인수분해, 최대공약수, 최소공배수를 생각해 봄으로서 문제의 실마리를 찾을 수 있는 경우가 많다.

[문제 4.7] 정수 x는 4800의 약수이며 홀수이다. 이런 x의 최댓값을 구하라.

[중얼중얼] 약수는 어떻게 정의되지?

정답 : **75** (실마리 : 83쪽, 풀이 : 93쪽)

[문제 4.8] 줄이 하나 있다. 이 줄을 세 등분한 뒤, 각각을 3, 4, 6 등분했다 하자. 이 때 만들어진 줄의 조각들이 모두 정수의 길이를 가졌다면, 원래의 줄의 최소 길이는 얼마인가?

[중얼중얼] 줄의 조각들이 모두 정수라는 말의 뜻은? 필요하다면 그림을 그려 보자.

정답 : **36** (실마리 : 84쪽, 풀이 : 93쪽)

지금 내가 이 부분을 쓰고 있는 순간, 러시아 테니스 선수인 마리아 샤라포바가 또 하나의 윔블던 우승컵을 위해 테니스장을 누비고 있는 모습이 멀리 TV에 보인다. 그는 러시아인으로는 처음으로 윔블던 테니스 대회에서 우승했다. 그 때 그의 나이 17세. 샤라포바의 선전하는 모습을 보고 해설위원이 평한다. :

"샤라포바는 여자 테니스 역사상 가장 집념이 강한 선수 중의 하나로, 어떤 순간에도 마음 흐트러짐을 보이지 않는다. 연습할 때도 마찬가지이다."

프로 테니스 선수들의 공 다루는 솜씨를 비교해 보면 우열을 가리기 힘들다. 샤라포바가 다른 선수들보다 많이 갖고 있는 것이 있다면 다름 아닌 집념이다. 그래서 어린 나이임에도 불구하고 윔블던 대회에서 우승했을 것이다. 집념과 노력의 산물은 이처럼 아름답다.

여기까지 온 여러분의 모습도 샤라포바 못지않게 아름답게 보인다. 스스로에게 박수를 보내자. 나도 여러분에게 힘찬 박수를 보낸다. 예스!

4.1.2 기하적인 (Geometric) 문제들

수학에 있어서 도형과 연결된 (기하적인) 문제는 중요한 위치를 차지한다. 대수적인 문제들 못지않게 실생활에의 응용이 높을 뿐 아니라, 여러분의 기하학적인 사고를 효과적으로 증진시켜줄 수 있기 때문이다. 이런 문제들은 점을 찾거나, 도형의 거리나 넓이 또는 부피를 구하는 형태로 구성되어 있다. 먼저 다음의 문제부터 풀어 보자. 앞 장의 마지막에서 예제로 선택된 문제이다.

[문제 4.9] X축과 Y축과 직선 $Y = mx + 2b$로 이루어진 삼각형이 있다. $m = -b^2$ ($b \neq 0$) 이라면, 이 삼각형의 넓이는 얼마인가?

[중얼중얼] 미지수는? 자료는? 조건은? 그림을 그려 보자. 자료의 관련성은?

정답 : 2 (실마리 : 84쪽, 풀이 : 94쪽)

일견 복잡해 보이는 문제라 할지라도, 문제가 요구하고 있는 것을 차근차근 따라가다 보면 문제를 이해할 수 있고 실마리를 찾을 수 있게 된다. 다음 문제를 풀어 보자.

[문제 4.10] 아래의 그림에서 선분 RT의 길이는 8이다. 이 선분 위에 두 점 U와 V를 찍는데, 선분 SV는 선분 RT를 이등분하고 선분 SU는 RV를 이등분하고 선분 RT와 직각이다. 그리고 선분 SU의 길이가 5이다. 삼각형 SVT의 넓이를 A라 하고 삼각형 RSU의 넓이를 B라 할 때, A-B를 구하라.

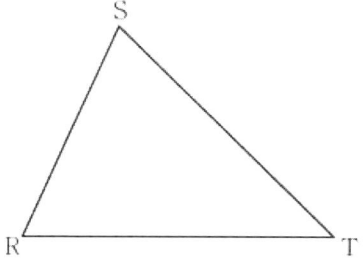

[중얼중얼] 미지수는? 자료는? 조건은? 문제 상황(조건)을 차근차근 따라가 보자. 그림에 그려 넣어 보자.

정답 : 5 (실마리 : 84쪽, 풀이 : 95쪽)

이제 사다리꼴에 대해 알아보자. 사다리꼴은 사각형 중에 '한 쌍의 대변 (맞보는 변)이 평행한 사각형'을 의미한다.

윗변, 아랫변, 높이가 각각 a, b, h인 사다리꼴의 넓이를 구하는 방법을 생각해보자. 아래 그림과 같이 사다리꼴을 $180°$ 돌려 오른쪽에 붙이면, 전체는 평행사변형이 된다. 따라서 원래의 사다리꼴의 넓이는 평행사변형의 넓이 ($(a+b)h$)의 반이 된다. 즉,

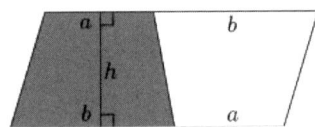

$$\text{사다리꼴의 넓이} = \frac{1}{2} \cdot (a+b)h = \frac{a+b}{2}h$$

윗변과 아랫변의 평균값에 높이를 곱한 것이다. 이를 이용하게 될 문제를 보자.

[문제 4.11] 밑변이 15cm이고 높이가 12cm인 삼각형이 꼭대기로부터 4cm 아래를 지나는 수평선에 의해 잘렸다고 하자. 이 때 만들어진 사다리꼴의 넓이를 구하라.

[중얼중얼] 미지수는? 자료는? 조건은? 그림을 그리자.

정답 : 80cm² (실마리 : 84쪽, 풀이 : 96쪽)

문제이해에 있어 가장 중요한 것은 '미지수는? 자료는? 조건은?'라는 중얼거림이다. 이 중얼거림은 모든 문제에 적용된다. 그래서 4.1.1에서와 마찬가지로, 다음에 나오는 문제들에 대해선 문제이해에 대한 중얼거림을 명시하지 않겠다. 하지만 여러분은 잊지 말고 먼저 중얼거리길 바란다. 다시, 잊지 않기로 약속. 새끼손가락 걸고……

직각삼각형과 연계하여 거리를 묻는 문제가 나오면 여러분은 먼저 피타고라스 정리를 떠올릴 것이다. 즉, 직각삼각형의 빗변의 제곱은 다른 두 변의 제곱의 합과 같다는 것. 이런 연상은 경험으로부터 나오는데, 우리가 앞에서 다루었던 요소 중의 하나인 유사성의 활용이라 하겠다.

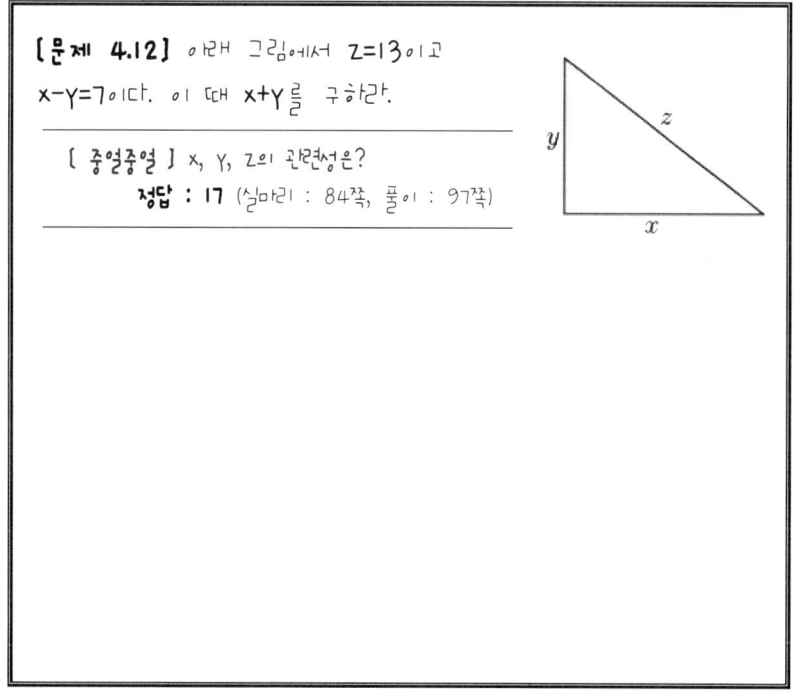

[문제 4.12] 아래 그림에서 $z=13$이고 $x-y=7$이다. 이 때 $x+y$를 구하라.

[중얼중얼] x, y, z의 관련성은?

정답 : 17 (실마리 : 84쪽, 풀이 : 97쪽)

원의 방정식에 대해선 고등학생 문제를 다루는 다음 장에서 자세히 설명될 것이다. 여기서는, 원과 접선과의 문제를 해결함에 있어 중요하게 쓰이는 한 가지 사실을 생각해 보자.

"원의 중심으로부터 접점에 내린 발은 그 접선과 수직이다."

예를 들어, 아래 그림에서 ∠ACD는 직각이다. 이 사실은, 피타고라스 정리와 함께, 다음 문제를 해결하는데 쓰이게 될 것이다.

【문제 4.13】 반지름이 각각 2cm와 4cm인 두 원이 있다. 아래 그림처럼 이 두 원의 중심이 10cm 떨어져 있을 때 ($\overline{AB}=10$), 공통외접선 CD의 길이를 구하라.

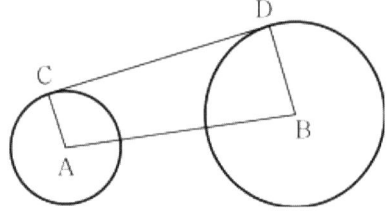

【중얼중얼】 외접선 CD와 반지름을 연결하는 선분 AC, BD의 관련성은? 그림에 적절한 선분을 그려 넣어 보자.

정답 : $\sqrt{96}$ (실마리 : 84쪽, 풀이 : 98쪽)

[문제 4.14] 아래의 그림에서, ∠BEC = $x°$ 이고 ∠AED = $1.5x°$ 이다. 이때 ∠AEB를 구하라.

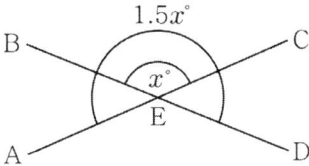

[중얼중얼] 자료로 주어진 각들의 관련성은?

정답 : 36° (실마리 : 84쪽, 풀이 : 99쪽)

반지름이 r인 원의 넓이는 πr^2이다. 다음의 문제에서 이용하게 될 것이다. 하지만, 원과 관련된 문제의 실마리를 찾기 위해 가장 중요한 것은, '중심과 반지름'에 초점을 맞추어 보는 것이다. 그 이유는 당연하다. 원은 한 점(중심)에서 같은 거리 (반지름)에 있는 점들의 집합으로 정의되기 때문이다. 원의 방정식은 118쪽에서 시작하는 5.1.5절에서 자세히 다룰 것이다.

[문제 4.15] 아래의 그림에서 정사각형은 큰 원에 내접해 있고 작은 원에 외접해 있다. 큰 원의 넓이와 작은 원의 넓이의 비율을 구하라.

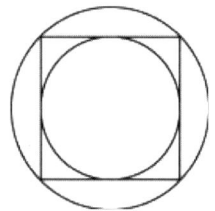

[중얼중얼] 원의 넓이는 어떻게 정의되지? 필요하다면, 적절한 변수를 도입하고 그림에 적절한 선분을 그려 넣어 보자.

정답 : 2:1 (실마리 : 84쪽, 풀이 : 100쪽)

4.2 실마리 예시

여기에는 앞 절에 주어진 문제들의 실마리를 제시한다.

문제 4.1의 실마리 : 평균은 합을 개수로 나눈 값으로 정의된다. 다섯 개의 양수를 위해 변수를 적절히 도입하고, 주어진 자료를 이용해 중간의 '세 수의 합'을 먼저 찾아보자.

문제 4.2의 실마리 : 적절한 변수를 도입하고, 주어진 자료(하얀 공이 20개 여분으로 배달되어 하얀 공과 노란 공의 비율이 6:5가 됐다는 것)를 비례식으로 표현해 보자.

문제 4.3의 실마리 : 먼저, 원래의 Y 용액 40리터를 구성하는 물의 양과 액체 Y의 양을 각각 구해 보자.

문제 4.4의 실마리 : 자료를 표현하는 비례식을 적절히 변형하여, 미지수에 대입하자.

문제 4.5의 실마리 : 이 문제의 목적은 식변형에 대한 연습이다. 주어진 자료 $\frac{a}{b}+a=10$을 적절히 사용할 수 있는 식변형을 시도해 보라.

문제 4.6의 실마리 : 함수 *x*의 정의를 이용하여, 먼저 m의 값을 구해 보자.

문제 4.7의 실마리 : 4800을 소인수분해 해보자. 그래서 홀수의 소인수들을 생각해 보자. (짝수의 소인수를 가진 수는 항상 짝수가 된다는 사실을 명심.)

문제 4.8의 실마리 : 3등분된 길이가 3, 4, 6으로 나누어도 정수가 된다는 것은 그 길이가 3, 4, 6의 공배수가 된다는 뜻.

문제 4.9의 실마리 : 그림을 그리고, 먼저 x절편과 y절편을 구하자.

문제 4.10의 실마리 : 문제 상황을 차근차근 그림에 그려 넣어 보자.

문제 4.11의 실마리 : 그림을 그리고, 비례식을 이용한 사다리꼴의 윗변의 길이를 구하자. (삼각형을 문제에서처럼 자르면 원래의 삼각형과 윗부분의 작은 삼각형은 닮은꼴이다.)

문제 4.12의 실마리 : 피타고라스 정리를 이용해 보자.

문제 4.13의 실마리 : 먼저 명심할 것: 원의 중심으로부터 접점에 내린 발은 그 접선과 수직이다. 피타고라스 정리를 이용하려면, 문제를 직각삼각형을 포함하는 상황으로 유도해야 한다. 적당한 선분을 그림에 그려 넣어 직각삼각형의 상황을 만들어 보자.

문제 4.14의 실마리 : 원의 둘레는 $360°$이다. 두 직선이 만나며 이루는 맞꼭지각(대각)은 같다는 사실을 이용해 보자.

문제 4.15의 실마리 : 두 원의 중심과 정사각형의 중심이 모두 같은 점이다. 큰 원의 반지름과 작은 원의 반지름을 표시하는 적절한 선분을 그려 넣어, 그들의 비율을 구해보자. (여러분이 그려 넣을 두 개의 선분은, 그 길이가 서로 관련을 가질 수 있어야 한다.)

4.3 풀이와 해설

문제 4.1 풀이

[중얼중얼] 미지수는 : 다섯 개의 양수 중, 중간의 세 수의 평균.
자료는 : 이 다섯 수의 평균이 8이라는 것과 가장 큰 수와 가장 작은 수의 평균이 11이라는 것. (문제이해 완료).

이들을 편리하게 처리하기 위해 변수를 도입해 보자. 다섯 개의 양수를 가장 작은 것으로부터 순서대로 a, b, c, d, e라 하자. 이 다섯 개의 평균이 8이라고 했다. 그 의미를 식으로 표현하면

$$\frac{a+b+c+d+e}{8}=5$$

이다. 따라서

$$a+b+c+d+e=40$$

가장 큰 수와 가장 작은 수의 평균이 11이라는 것은

$$\frac{a+e}{2}=11$$

이다. 따라서 $a+e=22$이다.

잠깐, 한마디: 문제풀이 중에 여러분이 항상 염두 해두어야 할 것은 목적지 (즉, 미지수)이다.

[중얼중얼] 미지수는 : 중간의 세 수의 평균.

즉, b, c, d의 평균. 그런데, 위의 두 식으로부터

$$b+c+d=40-22=18$$

이다. 따라서 중간의 세 수의 평균은
$$\frac{b+c+d}{3} = \frac{18}{3} = 6$$
이다.

문제 4.2 풀이

[중얼중얼] 문제 상황(조건)은 : 하얀 색과 노란 색 테니스공을 동일한 개수로 주문했는데 20개의 하얀 공이 여분으로 배달된 것.
자료는 : 그 결과 하얀 공과 노란 공의 비율이 6:5가 된 것.
미지수는 : 원래 주문한 공의 개수. (문제이해 완료).

이 문제를 풀기 위해 변수를 도입해 보자. 주문할 당시 하얀 공의 개수와 노란 공의 개수가 같다고 했다. 그럼, 주문한 하얀 (또는 노란) 공의 개수를 x로 표현하자. 그러면 하얀 공이 20개 더 배달되어 하얀 공과 노란 공의 비율이 6 : 5가 되었다는 자료를 어떻게 사용하지? 비율로 주어졌으니 비례식을 만들어 보자. 배달된 하얀 공의 개수는? 주문한 것보다 20개 많은 수, 즉 $x + 20$. 배달된 노란 공의 개수는? 주문한 대로 x. 그럼, 주어진 자료가 표현하는 비례식은
$$(x+20) : x = 6 : 5$$
따라서 $5(x+20) = 6x$가 되고 이를 풀면, $x = 100$.

[중얼중얼] 미지수는 : 원래 주문한 공의 개수는 하얀 공의 개수와 노란 공의 개수의 합 x+x=200.

문제 4.3 풀이

[중얼중얼] 미지수는 : 첨가해야 할 액체 Y의 양.

자료는 : 물과 액체 Y를 2:3으로 섞어 만든 40리터의 Y 용액이 있다.

조건은 : 이 용액에 액체 Y를 첨가해 75% 용액을 만드는 것. (문제이해 완료).

이 문제를 풀기 위해 먼저 생각해야 할 것이 뭘까? 원래의 Y 용액에 있는 물의 양과 액체 Y의 양을 구하는 것. 그래 맞아. 이것이 실마리야. 그럼, 이제 해야 할 일은? 적절한 변수 도입. 원래의 용액에 들어있는 물의 양을 w라 하고 액체 Y의 양을 y라 하자. 그리고 첨가해야 할 액체 Y의 양을 x라 하자. 그럼, 자료에서 말한 원래 용액을 표현하는 식은

$$w:y=2:3,\ w+y=40$$

$w:y=2:3$으로부터 $2y=3w$이다. 즉,

$$y=\frac{3}{2}w$$

이다. 이를 $w+y=40$에 대입하면

$$40=w+y=w+\frac{3}{2}w=\frac{5}{2}w$$

이고, 따라서 원래의 용액을 구성하고 있는 물은 $w=\frac{2}{5}\cdot 40=16$ 리터이고, 액체 Y는 $y=24$리터이다.

이제 필요한 것은?

그래! 미지수 x. 75% Y 용액을 만들기 위해 첨가해야 할 액체 Y의 양.

그런데, 액체 Y를 x리터 첨가한 뒤 75% 용액이 된다는 것은, 물이 25이면 x리터 증가한 액체 Y는 75라는 뜻이다. 즉, 물과 x리터 증가한 액체 Y의 비율이 $1:3$이 되는 것이다. 이것을 비례식으로 쓰면,

$$16 : (24+x) = 1 : 3$$

따라서

$$24 + x = 16 \times 3 = 48.$$

이다. 이를 풀면, 첨가해야 할 액체 Y의 양 $x = 24$이다.

Note : 여러분은 농도문제를 풀 때, 비커에 용매와 용질과 농도를 그려 넣은 그림을 이용했던 경험이 있을 것이다. 그런 방법이 편리하다면 그렇게 해도 좋다. 하지만 그림 대신 도표를 그려 문제를 일목요연하게 풀 수도 있다. 농도문제에서 계산하거나 고려해야 할 것들은 용매(물)의 양, 용질(여기서는, 액체 Y)의 양, 용액의 양, 농도의 네 가지이다. 위의 문제를 표현하는 상황과 풀이를 도표로 만들어 보자.

	물	액체 Y	용액	농도
원래	16	24	40	2 : 3
첨가 뒤	16	$24+x$		75%

위의 표에서 밑줄 그은 것들은 주어진 정보이고 나머지 수들은 계산한 양들이다. 즉 원래 용액에서 농도가 $2:3$이라는 것을 이용하여 16과 24를 찾고, 변화된 농도가 75%라는 조건을 이용해 미지수 x를 결정했다. $x = 24$.

다음의 유제는 비커를 그려 풀려고 하면 조금 복잡해질 수 있는 문제이다. 도표를 이용해 풀어 보자.

> **[유제]** 물과 액체 Y를 2:3으로 섞어 40리터의 용액을 만들었다. 이 용액의 일부를 퍼내고 그 양만큼의 액체 Y를 첨가해 40리터의 75% Y용액이 되었다. 이 때 첨가한 액체 Y의 양을 구하라.

유제 풀이 :

[중얼중얼] 자료는 : 물과 액체 Y를 2:3으로 섞은 40리터의 용액.
조건은 : 이 용액의 일부를 퍼내고 액체 Y를 첨가해 같은 양의 75% Y용액을 만드는 것.
미지수는 : 첨가한 액체 Y의 양.

먼저 변수를 도입해 보자. 미지수인 첨가한 액체 Y의 양을 변수 x로 표현하자. 그러면 퍼낸 용액의 양도 x가 된다. 이제, [문제 4.3]의 풀이에서와 마찬가지로 문제를 풀기 시작하면 다음의 도표의 첫째 줄에서처럼, 물의 양과 액체 Y의 양을 찾을 수 있다.

	물	액체 Y	용액	농도
원래	16	24	40	2 : 3
퍼낸 뒤	$16 - \frac{2}{5}x$	$24 - \frac{3}{5}x$	$40 - x$	
첨가 뒤	$16 - \frac{2}{5}x$	$24 - \frac{3}{5}x + x$	40	75%

원래의 용액을 x리터만큼 퍼냈다는 것은 물을 $\dfrac{2}{5}x$만큼을, 액체 Y를 $\dfrac{3}{5}x$만큼을 퍼냈다는 것이 된다. (왜냐하면, 원래의 용액은 물과 액체 Y의 비율이 2:3이기 때문.) 위의 표의 둘째 줄에 표기해 놓았다. 이제, 액체 Y를 x리터 첨가했다는 것은, 퍼낸 뒤의 액체 Y의 양에 x를 더한다는 것. 위의 표의 마지막 줄을 보라.

이제 남은 일은?
이런 결과가 75% Y용액이 되었다는 것

이것은 물과 액체 Y의 비율이 1:3이라는 뜻이므로

$$\left(16 - \frac{2}{5}x\right) : \left(24 - \frac{3}{5}x + x\right) = 1 : 3$$

따라서

$$24 + \frac{2}{5}x = 3\left(16 - \frac{2}{5}x\right)$$

이를 풀면, $x = 15$이다. (정답)

즉, 원래의 용액 40리터로부터 15리터의 용액을 퍼내고 15리터의 액체 Y를 첨가하면, 40리터의 75% Y용액을 얻게 된다.

상황이 더 복잡한 농도문제를 풀 때에도, 주어진 정보를 이용해 도표의 빈 칸을 차근차근 채워 가면 된다. 이제 여러분들에게 용액 문제는 어려운 문제가 아니길 바란다.

문제 4.4 풀이

먼저, 문제가 표현하는 상황을 그림으로 그리고 주어진 자료와 조건을 생각해 보자.

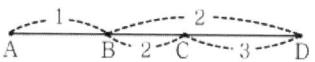

[중얼중얼] 미지수는 : $\overline{AB} : \overline{CD}$

자료는 : 주어진 자료를 비례식으로 표현해 보자!
$$\overline{BC} : \overline{CD} = 2 : 3, \quad \overline{AB} : \overline{BD} = 1 : 2 \text{ (문제이해 완료)}.$$

그럼, 위의 비례식이 의미하는 것은? 미지수가 $\overline{AB}$와 $\overline{CD}$를 필요로 하니까, 이들을 위해 위의 비례식을 변형해 보자.

$$\overline{CD} = \frac{3}{5}\overline{BD}, \quad \overline{AB} = \frac{1}{2}\overline{BD}$$

따라서 미지수

$$\overline{AB} : \overline{CD} = \frac{1}{2}\overline{BD} : \frac{3}{5}\overline{BD} = \frac{1}{2} : \frac{3}{5} = 5 : 6$$

이다.

Note : 이 문제는 훨씬 쉽게 풀 수도 있다. 예를 들어, $\overline{AB} = 1$이라 하면 $\overline{BD} = 2$가 되고, $\overline{CD} = \frac{3}{5}\overline{BD}$이기 때문에

$$\overline{CD} = \frac{3}{5} \cdot 2 = \frac{6}{5}$$

가 된다. 따라서

$$\overline{AB} : \overline{CD} = 1 : \frac{6}{5} = 5 : 6$$

문제 4.5 풀이

이 문제의 목적은 식변형에 대한 연습이다.

[중열중열] 자료는 : $\dfrac{a}{b}+a=10$

이를 적절히 사용할 수 있도록 주어진 식을 변형해 보자.

$$\sqrt{\dfrac{2a+2ab-4b}{b}}=\sqrt{\dfrac{2a+2ab}{b}-4}=\sqrt{2\left(\dfrac{a}{b}+a\right)-4}$$

자료를 사용하면, 미지수는 $\sqrt{2\cdot 10-4}=4$ 이다.

문제 4.6 풀이

[중열중열] 자료는 : *m*=32.
미지수는 : *4m*의 값 (문제에 완료).

그런데, 자료 $*m*=32$가 뜻하는 것은

$$*m*=\dfrac{m\sqrt{m}}{2}=32$$

그래서

$$m\sqrt{m}=64$$

이고 $m=16$이다. 그러므로

$$*4m*=\dfrac{4m\sqrt{4m}}{2}=\dfrac{8m\sqrt{m}}{2}=4m\sqrt{m}=256$$

이다.

Note : m의 값을 구하지 않고도 위의 문제를 풀 수 있다.

$*m* = \dfrac{m\sqrt{m}}{2}$ 이기 때문에, 위의 식에서 $*4m* = 8(*m*)$임을 알 수 있다. 그래서 m의 값을 구할 필요 없이
$$*4m* = 8(*m*) = 8 \cdot 32 = 256$$
이 된다.

문제 4.7 풀이

[중얼중얼] 미지수는 : 4800의 홀수의 약수 중 최댓값 (문제이해 완료).

그런데, 4800의 약수들은 뭐지? 잠깐, 어떤 수의 약수는 어떻게 찾지? 그래, 소인수로 분해되었을 때 그 부분들이 약수이다.

따라서 먼저 4800을 소인수분해 해보자.
$$4800 = 48 \cdot 100 = 2^4 \cdot 3 \cdot (2 \cdot 5)^2 = 2^6 \cdot 3 \cdot 5^2$$

그런데, 홀수인 약수는 어떻게 만들어지지? 홀수인 약수는 홀수의 소인수로부터 만들어진다.

그래서 홀수의 약수들 중 최댓값은 홀수의 소인수들을 '모두' 포함한 $3 \cdot 5^2 = 75$이다.

문제 4.8 풀이

[중얼중얼] 문제의 상황(조건)은 : 줄을 세 등분하고 다시 각각을 3, 4, 6 등분한 것.
자료는 : 그 결과 모든 줄의 조각들의 길이가 정수인 것.

미지수는 : 이런 줄의 최소 길이 (문제이해 완료).

먼저 조건과 자료가 말하는 것을 생각해 보자.

세 등분 된 각각의 줄을 3, 4, 6 등분 했을 때 모든 줄의 토막들이 정수 길이를 가진다는 뜻은? 세 등분 된 줄의 길이는 3, 4, 6의 공배수? 그래. 맞아. 그런데 그 공배수 중에 가장 작은 수를 찾아야 한다. 아하, 3, 4, 6의 최소공배수를 찾자. 12. 즉, 세 등분 된 줄의 길이는 최솟값으로 12를 갖는다. 따라서 원래 줄의 길이의 최솟값은 12×3=36이다.

Note : 이 문제를 위해 그림을 그려놓고 생각해도 좋다.

문제 4.9 풀이

[중얼중얼] 문제의 상황(조건)은 : x축과 y축과 직선 y=mx+2b가 삼각형을 이루는 상황.

  자료는 : $m = -b^2$.

  미지수는 : 그 삼각형의 넓이 (문제이해 완료).

미지수가 뭐였지? 아, x축과 y축과 직선이 이루는 삼각형의 넓이. 그럼, 삼각형의 밑변과 높이를 알아야겠네.

즉, x절편과 y절편을 찾아보자.

  x절편 : $y=0$일 때, $m=-b^2$을 이용하여

$$x = -\frac{2b}{m} = -\frac{2b}{-b^2} = \frac{2}{b}$$

y절편: $x=0$일 때,
$$y = m \cdot 0 + 2b = 2b.$$
문제의 상황을 그림으로 그려 보자. 따라서 삼각형의 넓이는
$$\frac{1}{2} \cdot 2b \cdot \frac{2}{b} = 2$$

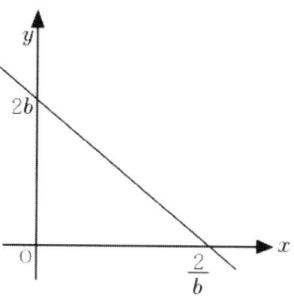

문제 4.10 풀이

[중얼중얼] 미지수는 : 삼각형 SVT의 넓이와 삼각형 RSU의 넓이의 차이. 이 문제의 조건과 자료를 그림으로 그려 보면 이해할 수 있겠구나.

문제의 조건과 자료를 그림으로 그려 보자.

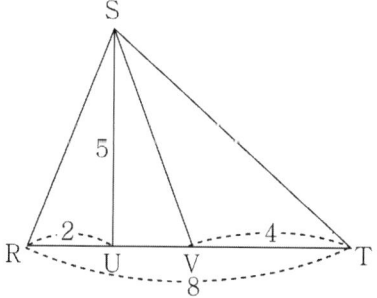

선분 RT의 길이는 8이라는 것과 선분 SU의 길이가 5라는 것도 그려 넣자. 선분 SV는 선분 RT를 이등분하니까 V는 RT의 중점. 선분 SU는 RV를 이등분하니까 U는 RV의 중점. 그래서 선분 RU의 길이는 선분 RT의 길이의 4분의 1, 즉 2이다. 그려 넣자.

이제 뭘 생각해야지? 미지수. 그래. △SVT의 넓이와 △RSU의 넓이를 구해야 한다.

이 두 삼각형의 높이는 5, 따라서

$$\triangle SVT \text{의 넓이 } A = 4 \cdot \frac{5}{2} = 10,$$

$$\triangle RSU \text{의 넓이 } B = 2 \cdot \frac{5}{2} = 5$$

가 된다. 따라서 두 삼각형의 넓이의 차이는 A−B=5이다.

문제 4.11 풀이

문제이해부터 하자.

[중얼중얼] 조건은 : 삼각형이 꼭대기로부터 4cm 아래를 지난 수평선에 의해 잘려 사다리꼴이 됐다.
자료는 : 삼각형의 높이=12. 밑변=15.
미지수는 : 사다리꼴의 넓이. (문제이해 완료).

문제 상황을 그려 보자. 사다리꼴의 밑변의 길이는 15이고, 높이는 12−4=8이다.

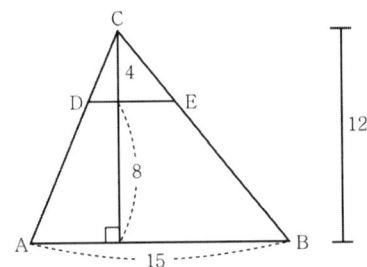

이제 생각할 것은? 미지수. 사다리꼴의 넓이. 그럼, 사다리꼴의 넓이를 구하기 위해 먼저 해결해야 할 것은? 윗변의 길이 $\overline{DE}$.

삼각형의 닮은꼴의 비례식을 이용해 찾아보자.

$$4 : \overline{DE} = 12 : 15$$

그래서 $\overline{DE} = 5$이다. 따라서 미지수인 사다리꼴의 넓이는

$$\frac{1}{2} \cdot (5+15) \cdot 8 = 80 (\text{cm}^2)$$

이다.

문제 4.12 풀이

[중얼중얼] 조건은 : 직각삼각형과 관련.
자료는 : 직각을 끼고 있는 두 변의 길이의 차이 (x-y=7)와 빗변의 길이 (z=13).
미지수는 : 직각을 끼고 있는 두 변의 길이의 합 x+y. (문제 이해 완료).

먼저 피타고라스 정리와 $z=13$을 이용하면,

$$x^2 + y^2 = z^2 = 13^2 = 169$$

자료에서 $x-y=7$이므로 $x=y+7$이다. x을 위의 식에 대입하면

$$x^2 + y^2 = 169$$
$$(y+7)^2 + y^2 = 169$$
$$2y^2 + 14y + 49 = 169$$

식을 정리하면

$$y^2 + 7y - 60 = 0$$

가 된다.

$$y^2 + 7y - 60 = (y-5)(y+12) = 0$$

이므로 $y = 5, -12$이다. 하지만, y는 양수이어야 하므로 $y = 5$, 따라서 $x = 12$이다. 직각을 끼고 있는 두 변의 길이의 합은

$$x + y = 5 + 12 = 17$$

이다.

문제 4.13 풀이

[중얼중얼] 조건은 : 두 원의 중심이 10cm 떨어져 있다는 것
자료는 : 반지름이 각각 2cm와 4cm
미지수는 : 공통외접선 CD의 길이 (문제에 완료).

먼저 적절한 변수를 도입해 보자: 미지수인 선분 CD의 길이를 x라 하자. 그림에 그려가며 생각하자.

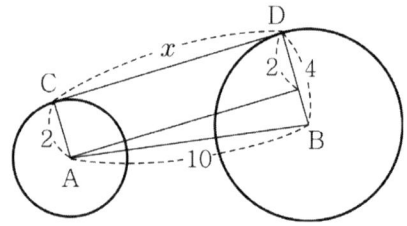

먼저, 주어진 자료와 조건을 그림에 그려 넣자. 이 문제는 공통외접선의 문제이다. 그래, 원과 접선에 관한 사실을 이용하자. 선분 CD가 공통외접선이기 때문에, 중심으로부터 내린 발 AC와 BD는

선분 CD와 수직이다. 따라서 선분 AC와 선분 BD는 평행이다.

이제 무엇을 하지? 미지수 생각. 미지수는 선분 CD의 길이 x. 이런 종류의 문제는 피타고라스 정리를 이용하는 경우가 많던데, 어떻게 이용하지? 맞아 직각삼각형을 유도해 보자.

길이 x를 한 변으로 포함하고 있는 직각삼각형이면 더욱 좋겠다. 아하. 점 A로부터 선분 BD로의 수선을 그려보자. 수선과 선분 BD의 교점을 E라 할 때, ACDE는 직각사각형이 되고 $\triangle$ABE는 직각삼각형이 된다. 그런데,

$$\overline{AE} = \overline{CD} = x, \ \overline{BE} = \overline{BD} - \overline{ED} = 4 - 2 = 2, \ \overline{AB} = 10$$

이므로 피타고라스 정리를 이용하면

$$2^2 + x^2 = 10^2$$

따라서 $x^2 = 100 - 4 = 96$ 이고, 정답은

$$x = \sqrt{96}$$

이다.

문제 4.14 풀이

[중얼중얼] 자료는 : $\angle$BEC=$x°$ 이고 $\angle$AED=1.5$x°$.
조건은 : 그림에서처럼 두 각이 관련을 갖는다.
미지수는 : $\angle$AEB. (문제에 해 완료).

그런데, 자료로 주어진 두 각은 어떤 관련성을 가졌지? 그렇다. 두 직선이 만나며 이루는 맞꼭지각(대각)은 같다는 사실을 이용해 보자.

즉, 아래 그림에서 ∠BEC=∠AED=$x°$

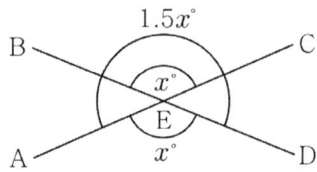

그래서 1회전은 360°이기 때문에,

$$1.5x° + x° = 360°$$

이를 x에 대해 풀면 $x=144°$이다.

그런데, 미지수가 뭐지? ∠AEB.

∠AEB와 x의 합은 180°이므로

$$\angle AEB + x = \angle AEB + 144 = 180°$$

따라서 ∠AEB=36°이다.

문제 4.15 풀이

[중얼중얼] 조건은 : 그림에서처럼 정사각형은 큰 원에 내접해 있고 작은 원에 외접해 있는 것.

미지수는 : 큰 원의 넓이와 작은 원의 넓이의 비율.(문제에 해 완료).

원의 넓이를 표현하기 위해 적절한 변수를 도입해 보자. 큰 원의 반지름을 R이라 하고 작은 원의 반지름을 r이라 하자.

'그럼 R은 r은 무슨 관계가 있지? 그 관계를 어떻게 찾지?'

[중얼중얼] 그림을 그려 볼까? 원의 문제는 '중심과 반지름'이라고 했는데, 어떻게 이용하지?

큰 원과 작은 원에 공통된 중심을 O라 하고 아래 그림에서와 같이 각각의 원에 발을 내리면, △OPQ는 직각삼각형.

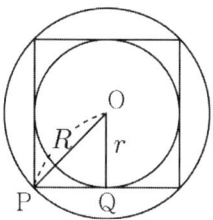

그런데, 선분 OQ와 선분 PQ의 길이가 같다. (왜냐하면, 원의 중심 O는 정사각형의 중심이기도 하기 때문.) 즉,

$$\overline{OQ} = \overline{PQ} = r.$$

그래서

$$R^2 = r^2 + r^2 = 2r^2$$

이고 $R = \sqrt{2}\,r$의 관계를 갖는다. 따라서 큰 원의 넓이와 작은 원의 넓이의 비율은

$$\pi R^2 : \pi r^2 = \pi(\sqrt{2}\,r)^2 : \pi r^2 = 2\pi r^2 : \pi r^2 = 2 : 1$$

이다.

이 책의 초고를 쓴 뒤 철학과 출신인 아내에게 읽어달라고 부탁했다. 아내는 이미 30년 전에 수학공부와는 담을 쌓았던 사람이다. 세상에서 제일 싫은 게 수학이라며 처음에는 어렵다고 포기하려던 사람이 다 읽고 나서는, "이제 문제를 어느 각도에서 바라보아야 하는지 알겠네. 적어도 머리를 굴려볼 수는 있을 것 같아. 학생시절에 이 책을 읽었다면 내 운명이 달라졌겠네." 왜? "수학자와 결혼 한 이유는 수학을 못한 반작용이었거든. 학생시절에 이 책을 읽었더라면 수학을 잘 했을 테니, 수학자와 결혼할 이유가 뭐야!" 아, 생각해 보면 얼마나 다행한 일인가. 이 책이 이제야 나와서.

나는 믿는다. 여러분은 이 작은 책을 읽고 수학을 잘 할 수 있을 거라고. 그리고 30년 전 수학공부와 담을 쌓았던 사람보다는 더 많은 것을 배울 거라고. 이제 이 책의 마지막 고지로 가자.

제 5 장
수학 10가/나 실전문제들

이 장은 고등학생을 위해 마련된 곳이다. 여러분이 만약 중학생이면 여기를 건너뛰어 159쪽에서 시작하는 6장의 맺음말로 가도 좋다. 이 책의 주요 목적은 여러분에게 **문제이해**와 **실마리찾기**를 할 수 있는 수학눈을 길러주려는 것이다. 중학생들에겐 4장에서 했던 것으로 충분하리라 믿는다. 그리고 한두 해가 지난 뒤 다시 이 책을 읽을 때 여기 이 장에 있는 문제들을 풀어보길 바란다. 하지만 여기의 문제들을 풀고 싶어 좀이 쑤신다면, 풀어 보라. 도전해 보라. 여러분을 위해 문제 앞에 기초지식의 간단한 설명을 붙여놓겠다.

4장에서 했던 것처럼, 여기서도 여러분은 중얼거리며 문제를 풀 것이고, 실마리 예시와 풀이와 해설은 뒷 절에 기술하겠다. 다시 말하지만, 내가 가장 바람직하다고 믿고 있는 것은 여러분이 혼자 힘으로 문제를 푸는 것이다. 그래서 실마리 유도 질문도 너무 당연해 보이는 것은 명시하지 않을 것이다. 하지만 여러분은 모든 문제에 대해, 58쪽에 있는 문제풀이의 약도(팔괘도)에 제시된 질문을 중얼거리길 바란다.

여기에 주어진 문제들은 쉽지 않을 것이다. 하지만 어려워 못 풀지도 모른다는 생각일랑 애당초 하지 말라. 용기와 자신감을 갖고 시작하길 바란다. 문제를 차근차근 이해하고 실마리를 일단 찾으면, 여러분은 이미 90퍼센트 정도 성공했다고 생각해도 좋다. 실마리찾기에 어려움을 느끼거든, 139쪽에 주어진 실마리를 보고, 그래도 어렵게 느껴지거든 141쪽에 있는 풀이와 해설을 보길 바란다. 여기에서도 여러분에게 *사고 중심의 풀이*를 보여줄 것이다.

5.1 중얼거리며 문제풀기

이 작은 책으로 방대한 양의 고등학교 수학의 모든 분야의 예제를 다룰 수는 없다. 여기서는 〈수학 10-가〉에서 나머지정리, 이차방정식, 이차부등식을, 〈수학 10-나〉에서 직선의 방정식, 원의 방정식, 이차함수, 삼각함수를 선택하고 그에 관한 빈출문제 유형을 2개 정도씩 다뤄 보겠다. 이 책에서 제시한 **3단계 8요소 접근법**은 수학 I, 수학 II, 미분과 적분, 확률과 통계의 대부분의 문제들에도 같은 방법으로 적용될 수 있다. 하지만, 여러분이 이미 생각하고 있듯, 순서도와 확률과 통계에는 색다른 접근방법을 요구하는 문제들이 있다. 확률과 통계의 새로운 문제접근법은 책이 산만해지는 것을 막기 위해 여기에 기술하지 않고, 다른 기회를 통해 여러분과 만날 것을 약속한다. 대신 여기서는 순서도 문제를 효과적으로 접근하는 요령만을 제시하겠다.

여기에 수록된 순서도 문제는 한국교육방송공사의 'EBS 수능특강 수리영역 수학 I' [7]에서 발췌하여 수정한 문제임을 밝힌다.

5.1.1 나머지정리

먼저 〈수학 10-가〉의 한 분야인 나머지정리 문제부터 풀어보자. 나머지정리는 다음과 같다. 다항식 $f(x)$는 $p(x)$로 나눈 몫을 $q(x)$라 하고 나머지를 $r(x)$라 하면, 나머지정리 식은

$$f(x) = p(x)q(x) + r(x) \quad (5.1)$$

로 표현된다. 이때 나머지 $r(x)$의 차수는 제수 $p(x)$의 차수보다 낮다. 특히 제수가 일차식이면 ($p(x) = p_1(x)$) 나머지는 상수가 되고, 제수가 이차식이면 ($p(x) = p_2(x)$) 나머지는 일차식($ax+b$)이 된다. 즉,

$$f(x) = p_1(x)q(x) + a \text{ 또는 } f(x) = p_2(x)q(x) + ax + b \quad (5.2)$$

의 형태를 갖는다. 어떤 경우이든, 위의 식은 항등식이다. 즉, 모든 x에 대해 성립된다는 말이다. 그래서 나머지정리 문제는 적절한 숫자를 대입해 봄으로써 그 실마리나 답을 찾을 수 있다.

예를 들어, $f(x) = x^3 + x^2 + x + 4$를 일차식 $x+1$로 나누는 사건을 나머지정리 식으로 표현해 보면,

$$f(x) = x^3 + x^2 + x + 4 = (x+1)q(x) + a$$

가 된다. 그럼, 나머지 a를 찾기 위해 x로 선택할 수 있는 값은 무엇일까? $x = -1$이다. 왜냐하면 $x+1 = 0$이 되어 우변의 첫 항이 $q(x)$에 상관없이 0이 되기 때문에, $f(-1) = 3 = a$가 된다. 즉, $f(x)$를 $x+1$로 나눈 나머지는 $f(-1)$로서 그 값은 3이다. 이렇듯 몫을 실제로 찾지 않고도 나머지를 구할 수 있다. 나머지정리 문제들은 모두 위 예의 변형이라고 해도 과언이 아니다. (위 예에서 실제로 계산해 보면, 몫 $q(x) = x^2 + 1$이다.)

일반적으로, $f(x)$를 $x - c$로 나눈 나머지는 $f(c)$이다. 즉, c를 주어진 다항식 $f(x)$에 대입한 그 계산 결과가 $f(x)$를 $x - c$로 나눈 나머지가 된다.

위의 식 (5.2)를 '나머지정리의 표준형'이라고 부르자. 그 이유는 대부분의 나머지정리 문제들에 있어서 주어진 상황을 이 식들로 표현하면 실마리를 쉽게 찾을 수 있기 때문이다. 다음의 문제에서 여러분은 이 표준형을 이용할 것이다. 명심할 것은

> 나머지정리 식은 항등식이며, 적절한 숫자를 대입해 봄으로써 문제의 실마리를 찾을 수 있다.

는 것이다.

[문제 5.1] $mx^2 + 3x + 1$을 $x-1$로 나눈 나머지와 $x-2$로 나눈 나머지가 같도록 m의 값을 정하여라.

[중얼중얼] 두 나눗셈에 대해 나머지정리의 표준형은? 적절한 수를 대입해 보자.

정답 : $m = -1$ (실마리 : 139쪽, 풀이 : 141쪽)

[문제 5.2] $f(x)$를 $x-1$로 나눈 나머지는 7이고, $(x-2)^2$으로 나눈 나머지는 $3x+6$이다. 이 때, $f(x)$를 $(x-1)(x-2)$로 나눈 나머지를 구하라.

[중얼중얼] 나머지정리의 표준형으로 표현해 보자.

정답 : $5x+2$ (실마리 : 139쪽, 풀이 : 142쪽)

5.1.2 이차방정식

이차방정식의 문제는 이차함수의 근을 찾거나 근과 계수와의 관계를 찾는 문제이다. 즉, $ax^2+bx+c=0$을 만족하는 두 근을 α, β라 할 때, 이 두 근과 이차방정식의 계수인 a, b, c와의 관계를 이용하여 여러 가지 값들을 구하는 형태로 구성되어 있다. α와 β가 $ax^2+bx+c=0$의 두 근이라는 말은

$$ax^2+bx+c=a(x-\alpha)(x-\beta) \qquad (5.3)$$

를 의미한다. 그런데,

$$a(x-\alpha)(x-\beta)=ax^2-a(\alpha+\beta)x+a\alpha\beta$$

이다. 이 식을 (5.3)식의 좌변과 비교하면 $b=-a(\alpha+\beta)$, $c=a\alpha\beta$ 이므로

$$\alpha+\beta=-\frac{b}{a},\ \alpha\beta=\frac{c}{a} \qquad (5.4)$$

의 관계식을 얻을 수 있다. 예를 들어, $2x^2-5x-3=0$의 두 근을 α, β라 하면

$$\alpha+\beta=-\frac{-5}{2}=\frac{5}{2},\ \alpha\beta=\frac{-3}{2}=-\frac{3}{2}$$

이다. $2x^2-5x-3=(2x+1)(x-3)=0$이므로, 실제로 두 근은 $-\frac{1}{2}$과 3이고, 위의 관계식이 만족한다는 것을 확인할 수 있다.

이차방정식의 문제를 풀 때, 식 (5.3)과 (5.4)가 자주 쓰이게 될 것이다. 이들은 이차방정식에 있어 기본형 또는 표준형을 이룬다.

[문제 5.3] $2x^2+6x+m=0$의 한 근이 다른 근의 2배일 때, m의 값을 구하라.

[중얼중얼] 근과 계수와의 관계를 이용해 보자.

정답 : $m=4$ (실마리 : 139쪽, 풀이 : 143쪽)

[문제 5.4] $x^2-(m+4)x+2m=0$의 두 근 α, β가 $\alpha^2+\beta^2=12$를 만족할 때, m의 값을 구하라.

[중얼중얼] 근과 계수와의 관계를 이용해 보자.

정답 : $m=-2$ (실마리 : 139쪽, 풀이 : 144쪽)

5.1.3 이차부등식

먼저 예를 들어 보자. 부등식 $x^2-4x+3<0$을 풀자. 이는 이차함수 x^2-4x+3가 0보다 작은 구간을 찾는 문제이다. 그래서 먼저 0이 되는 점을 찾아 봐야 할 것이다. 즉, $x^2-4x+3=0$을 풀어야 한다. $x^2-4x+3=(x-1)(x-3)$으로 인수분해 되기 때문에, 주어진 이차함수가 0이 되는 x값은 1과 3이다. 이를 그림을 그려가며 생각해 보자.

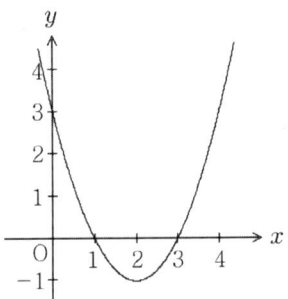

위의 그림에서 볼 수 있는 것과 같이 $x^2-4x+3<0$을 만족하는 x의 값들은 $1<x<3$임을 알 수 있다. 한편, $x^2-4x+3>0$을 만족하는 x의 값들은 $x<1$과 $x>3$의 두 구간의 결합임을 알 수 있다. 이처럼 그림을 그려보는 것은 편리하게 실마리를 찾아 답을 얻어낼 수 방법 중의 하나이다.

여기서 이차방정식의 풀이에 자주 등장하는 **판별식**(discriminant) 에 대해 생각해 보자. 위의 예에서처럼, 이차부등식의 풀이는 그에 해당되는 이차방정식의 근을 찾는 것으로부터 시작된다. 이차방정식 $ax^2+bx+c=0$의 근은 $y=ax^2+bx+c$의 그래프가 x축과 만나는 점을 뜻하는데, 다음과 같이 근의 공식으로 표현된다.

$$x = \frac{-b \pm \sqrt{b^2-4ac}}{2a}$$

여기서, $b^2-4ac>0$이면 x는 서로 다른 두 실수가 되고(두 개의 실수 근이 존재. 즉, 그래프가 x축과 두 점에서 만남), $b^2-4ac=0$이면 $x=-\frac{b}{2a}$가 된다. (한 근만 존재. 즉, 그래프가 x축과 한 점에서 만남).

그런데, $b^2-4ac<0$이면 위의 우변에 있는 제곱근 안이 0보다 작아져 x는 실수가 될 수 없다. x가 실수가 될 수 없다는 것은 무슨 뜻일까? 이차방정식의 그래프를 그리면 x축에 닿을 수 없다는 말이다. 그래서 실수인 근이 존재하지 않는다. (우리가 '실수'라는 단어를 사용하는 이유는 복소수로 확장할 때와 구분을 짓기 위함이다.) 이처럼 b^2-4ac의 부호는 이차방정식 $ax^2+bx+c=0$의 실수인 근의 개수 (즉, x축과 만나는 점의 개수)를 판별한다. 그래서 이를 영어로 discriminant(판별식)라 부르고 변수 D로 표기한다. ($D=b^2-4ac$) 즉, $D>0$이면 이차방정식의 그래프는 x축과 두 점에서 만나고, $D=0$이면 x축과 한 점에서 만나고, $D<0$이면 x축과 만나지 않는다.

이제 부등식 문제로 돌아가자. 일반적으로, $ax^2+bx+c>0$의 해는 (1) 실수 전체이거나 (2) $\alpha<x<\beta$이거나 (3) $x<\alpha,\ x>\beta$의

형태를 갖는다. (여기서 α, β는 $ax^2+bx+c=0$의 두 실근이다.)

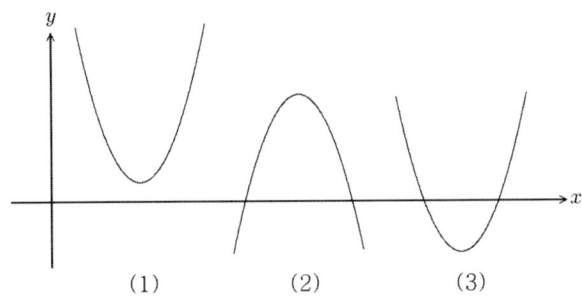

위의 그림(1)에서 볼 수 있듯, 해가 실수 전체라는 말은 이 이차함수의 그래프가 항시 x축 위에 위치한다는 말이고, 그 조건은 $a>0$ (그래프가 산골짜기 모양)이고 $ax^2+bx+c=0$이 실근을 갖지 말아야 한다. 즉 판별식 $D=b^2-4ac<0$.

그림(2): 해가 $\alpha<x<\beta$이면 일단 이 이차함수의 그래프는 산봉우리 모양을 하고 있어야 한다. (산봉우리를 연상하고 중간부분을 수평선으로 잘라 봐라. 산이 수평선 위에 있는 구간은 어떤 두 점의 **사이**이다.) 그래서 $a<0$이고, $ax^2+bx+c=0$이 두 실근을 가져야 하기 때문에 판별식이 0보다 커야 한다.($D=b^2-4ac>0$)

그림(3): 마지막으로, 해가 $x<\alpha$, $x>\beta$일 때는 이차함수의 그래프가 산골짜기 모양을 하고 있어야 한다. (산골짜기의 중간부분을 수평선으로 잘라보면 수평선 위는 **바깥**쪽으로 가게 된다.) 그래서 $a>0$을 만족해야 한다. 물론 이 경우에도 판별식은 0보다 커야 (두 실근을 가져야) 한다.

이를 정리해 보자.

$ax^2+bx+c>0$의 해 $= \begin{cases} \text{실수 전체,} & \text{if } a>0, \ D=b^2-4ac<0 \\ \alpha < x < \beta & \text{if } a<0, \ D=b^2-4ac>0 \\ x<\alpha, \ x>\beta & \text{if } a>0, \ D=b^2-4ac>0 \end{cases}$

부등식 $ax^2+bx+c<0$에 대해서도 그림을 그려가며 같은 방법으로 생각해 볼 수 있다. 물론, $a<0$이고 $D<0$이면 이차부등식 $ax^2+bx+c>0$의 해가 존재하지 않는다. 그 해가 존재하는 경우를 간단하게 정리해 써 보자.

$ax^2+bx+c<0$의 해 $= \begin{cases} \text{실수 전체,} & \text{if } a<0, \ D=b^2-4ac<0 \\ \alpha < x < \beta & \text{if } a>0, \ D=b^2-4ac>0 \\ x<\alpha, \ x>\beta & \text{if } a<0, \ D=b^2-4ac>0 \end{cases}$

$ax^2+bx+c>0$의 해와 비교하여 다른 점은 a의 부호가 바뀌었다는 것이다.

하지만, 위의 정리된 내용을 외우려 하지 말라. 대신 머리에 그림을 그려가며, 특히 산봉우리와 산골짜기를 그리고 잘라 보며, 차근차근 가능성을 따져보길 바란다. 위에서 정리해 봤듯, 이차부등식의 문제를 풀 때에는,

(1) 근과 계수와의 관계를 이용하고,
(2) 두 근을 구한 뒤 원하는 해가 두 근의 사이인지 바깥인지 결정해야 하고,
(3) 이차항의 계수가 문자로 주어지면 그 부호에 주의해야 한다.

대부분의 이차부등식 문제는 이와 관련되어 있다. 이제 문제를 풀어 보자.

【문제 5.5】 이차부등식 $2x^2+ax+b>0$의 해가 $x<-1$, $x>3$ 일 때, 상수 a, b를 구하라.

[중얼중얼] 그림을 그려보자. 근과 계수와의 관계를 이용해 볼까?
    정답 : $a=-4$, $b=-6$ (실마리 : 139쪽, 풀이 : 144쪽)

【문제 5.6】 이차부등식 $ax^2+bx+c>0$의 해가 $0<x<4$ 일 때, 이차부등식 $bx^2+ax+c<0$의 해를 구하라.

[중얼중얼] 그림을 그려보자. 근과 계수와의 관계를 이용해 볼까?
    정답 : $-\frac{1}{2}<x<\frac{1}{2}$ (실마리 : 139쪽, 풀이 : 145쪽)

이제 3단계 8요소 접근법을 이용하며 〈수학 10-나〉의 문제를 풀어보자.

5.1.4 직선의 방정식

직선은 $ax+by+c=0$의 일반식으로 표현되지만, y축과 평행한 직선을 제외하고 $y=ax+b$의 형태로 변환할 수 있다. 이런 직선은 <u>한 점과 기울기</u>로 결정될 수 있다. 내가 한 점과 기울기에 밑줄을 그은 이유를 생각해 보고 있을 것이다. 직선의 문제를 풀 때, 여러분은 여기에 초점을 맞추어야 하기 때문이다. 주어진 점을 (x_1, y_1)라 하고 기울기를 a라 하면, 이 때 직선의 방정식은

$$y-y_1=a(x-x_1)$$

이다. 예를 들어, 기울기가 3이고 (1, 2)를 지나는 직선의 방정식은 $y-2=3(x-1)$이고, 이 식을 정리하면 $y=3x-1$이다.

물론 '두 점'이 주어지면 직선을 결정할 수 있다. 두 점을 이용해 기울기(y의 변화와 x의 변화의 비율)를 구하고, 두 점 중 한 점을 선택해 직선의 식을 찾을 수 있기 때문이다. 직선을 찾아야 하는 문제에선, 그 문제에 나타나는 상황이 아무리 복잡할지라도, 여러분이 궁극에 가서 해야 할 일은 다음과 같다.

(1) 한 점과 기울기를 찾거나,
(2) $y=ax+b$의 상수 a, b를 정하는 것.

(여기서 a는 기울기이고 b는 y절편으로 한 점과 기울기 또는 다른 주어진 정보를 이용해 결정될 수 있다.) 한 점과 기울기를 **직선의 정의**라 하고, $y=ax+b$와 $y-y_1=a(x-x_1)$을 직선의 두 표준형이라 해도 좋다.

직선의 응용문제로 거리와 결합된 문제를 종종 보았을 것이다. 정점 (x_1, y_1)에서 직선 $ax+by+c=0$까지의 거리 D는 다음과 같다.

$$D = \frac{|ax_1 + by_1 + c|}{\sqrt{a^2+b^2}}$$

대부분이 이미 알고 있을 것이다. 또 하나, 자주 등장하는 사실은

"수직한 두 직선의 기울기의 곱은 -1이다."

이 또한 잘 알고 있으리라 믿는다.

여러분은 이런 수학적 기본지식이 없어 문제를 풀지 못했던 경험보다는 어디서부터 시작해야 할지 몰라 문제풀이에 실패한 일이 많았을 것이다. 실마리찾기에 실패하면 기초지식이 아무리 많을지라도 무용지물이다. 역으로, 실마리를 찾아놓고도 기초지식이 없어 풀이를 완성하지 못한다면 원통한 일이다. 지금까지 문제의 실마리찾기 훈련을 해온 것과 병행하여 여러분의 기초지식의 배양을 위해 요점을 정리하고 있다. 문제의 실마리찾기에 어느 정도 익숙해지면 문제를 풀어가며 기초지식을 쌓아야 한다. 이는 공부뿐 아니라 삶을 헤쳐 나가는 과정에서 공통된 방법이다. 일단 비빌 언덕이 생기면, 더 잘 비빌 궁리를 해야 하지 않을까.

[문제 5.7] 직선 x+2y=3에 수직이고 점 (-1, 5)를 지나는 직선의 방정식을 구하라.

[중얼중얼] 한 점이 주어져 있구나. 그럼, 기울기는?

정답 : y=2x+7 (실마리 : 139쪽, 풀이 : 146쪽)

[문제 5.8] 두 직선 x+y+2=0, 2x-y+4=0의 교점을 지나고, 원점에서의 거리가 1인 직선의 방정식을 구하라.

[중얼중얼] 일단 한 점 (x_1, y_1)을 찾아보자. 그럼, 직선의 기본형에서 결정해야 할 상수는? 그림을 그려보자.

정답 : $y = \pm \frac{1}{\sqrt{3}}(x+2)$ (실마리 : 139쪽, 풀이 : 147쪽)

5.1.5 원의 방정식

원은 중심에서 같은 거리에 있는 점의 집합으로 정의된다. 그래서 원을 결정하는 요소는 <u>중심과 반지름</u>이다. 여기에 밑줄을 그은 이유는 직선에서와 같은 이유에서 이다. 원의 문제는 늘 중심과 반지름에 관련하여 이루어진다. 원의 방정식의 기본형을 써 보자. 중심을 $(a,\ b)$라 하고 반지름을 r이라 할 때, 원의 방정식은

$$(x-a)^2+(y-b)^2=r^2 \qquad (5.5)$$

이 된다. 위의 식은 3개의 상수를 갖는다. 그래서 일직선에 있지 않는 세 점을 지나는 원의 방정식을 찾을 수 있다. 또는 다른 3개의 정보로부터 원을 결정할 수도 있다. 예를 들어, x축이나 y축에 접한다는 정보나 중심이 어떤 직선 위에 있다는 정보 등 어떤 경우이든, 원을 결정하는 문제는 위 식의 $a,\ b,\ r$을 결정하는 문제이다. 예제를 풀어보자.

> [예제] y축에 접하고, 점 $(2,\ 2)$를 지나고, 중심이 직선 $y=x+1$ 위에 있는 원의 방정식을 구하라.

이 문제 상황을 그림으로 그려보면 다음과 같다.

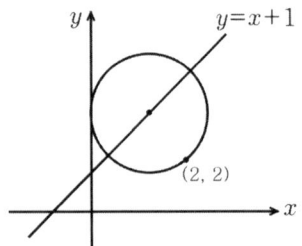

중심의 x좌표를 a라 하면, 중심이 직선 $y=x+1$ 위에 있어야 하기 때문에 중심의 y좌표는 $a+1$이어야 한다. 중심 $(a, a+1)$에서 y축까지의 거리가 a이기 때문에, 원이 y축에 접한다는 것은 반지름이 a란 말이 된다. 이 정보를 식 (5.5)에 있는 원의 방정식의 기본형에 대입하면

$$(x-a)^2 + \{y-(a+1)\}^2 = a^2$$

이 된다. 이제 점 (2, 2)를 지난다는 정보를 이용해 보자. 그럼,

$$a^2 = (2-a)^2 + \{2-(a+1)\}^2 = 2a^2 - 6a + 5$$

따라서

$$a^2 - 6a + 5 = 0$$

이 되고, 인수분해 하여 풀면 $a=1, 5$가 된다. 즉 문제의 조건을 만족하는 원은 반지름이 1인 것과 5인 것 두 개다.

$$(x-1)^2 + (y-2)^2 = 1, \ (x-5)^2 + (y-6)^2 = 25$$

원의 방정식 문제 중에 자주 등장하는 것들은, 위의 예제에서와 같이 원을 결정하는 문제, 원의 접선을 찾는 문제, 두 원의 공통접선을 찾거나 길이를 재는 문제들이다. 이런 문제들에서 중요하게 쓰이는 두 가지 사실을 생각해 보자.

(1) 원의 중심으로부터 접점에 내린 발은 그 접선과 수직이다.

(2) 원의 중심으로부터 그 원에 접하는 접선까지의 거리는 반지름과 같다.

그래서 공통접선의 거리를 재는 문제에 있어서 피타고라스 정리를 사용할 일이 생긴다. 이런 사실들을 외우려 하지 말고, 그림을 그려보고 눈으로 가슴으로 느껴보길 바란다.

하여튼, '원의 방정식'이라는 단어가 보이면 '중심과 반지름'이라고 중얼거릴 수 있어야 한다. 이 지면의 여백에 원을 하나 그리고 중심을 찍고 중심으로부터 원주에 발을 하나 내려 보라. 그리고 적절한 자리에 '중심'과 '반지름'을 써 넣어라.

[문제 5.9] 원 $(x-2)^2+y^2=10$ 위의 점 $(1, 3)$ 에서의 접선의 방정식을 구하라.

[중얼중얼] 한 점이 주어져 있구나. 그럼, 기울기는? 그림을 그려 보자.
정답 : $y=\frac{1}{3}x+\frac{8}{3}$ (실마리 : 140쪽, 풀이 : 149쪽)

[문제 5.10] 점 $(3, 2)$ 를 지나고 원 $(x-1)^2+(y-2)^2=2$ 에 접하는 직선의 방정식을 구하라.

[중얼중얼] 원에 접한다는 뜻은? 그림을 그려 보자.
정답 : $y=x-1$, $y=-x+5$ (실마리 : 140쪽, 풀이 : 150쪽)

원에 관련된 문제를 하나 더 풀어보자.

[문제 5.11]
정점 A(-1, -1)가 주어져 있고, 점 P는 원 $(x-3)^2+(y-2)^2=4$ 위를 돌고 있다. 이때, 선분 AP의 길이의 최솟값과 최댓값을 구하라.

[중얼중얼] 그림을 그려보자

정답 : 최솟값=3, 최댓값=7 (실마리 : 140쪽, 풀이 : 151쪽)

5.1.6 이차함수

우리는 앞에서 이미 이차함수에 관계되는 문제를 하나 풀어 보았다. 34쪽에 있는 [예제 6]과 51쪽에서 시작하는 식변형과 [그림 3.2]를 보라. 여기에서 더욱 구체적으로 생각해 보자.

이차함수(포물선)를 표현하는 기본적인 식은 다음과 같다.

$$y = ax^2 + bx + c \qquad (5.6)$$

그래서 이차함수를 결정하는 일은 상수 a, b, c를 구하는 문제가 되고 보통 3개의 정보가 요구된다. 이 포물선은 가끔 꼭짓점을 표현하는 식으로 표현되기도 한다.

$$y = a(x-\alpha)^2 + \beta \qquad (5.7)$$

여기서 (α, β)는 그 포물선의 꼭짓점이다. 물론 식 (5.6)을 꼭짓점을 표현하는 식으로 변환 할 수 있다:

$$y = ax^2 + bx + c = a(x-\alpha)^2 + \beta,\ \alpha = -\frac{b}{2a},\ \beta = \frac{4ac-b^2}{4a}$$

식 (5.6)은 이차함수의 기본형으로 x절편과 y절편을 찾고 식변형의 기본 식으로 활용되는 반면, 식 (5.7)은 이차함수의 꼭짓점을 표현하는 표준형으로, 최솟값과 최댓값을 결정하기 위해 활용된다. 이렇게 식의 기본형 또는 표준형을 생각하는 이유는, 이들은 여러 가지 이차함수 문제에 활용되기 때문이다. 위의 두 식 (5.6)과 (5.7)을 이차함수(포물선)의 정의라 생각해도 좋다.

이차함수의 문제는 주로 포물선을 결정하는 문제, 표준이동 또는 대칭이동과 관련된 문제, 최솟값과 최댓값을 구하는 문제, 근의 범위와 관련된 문제, 직선과의 위치관계를 결정하는 문제의 모습으로 나타난다. 이런 문제들을 풀 때, 식 (5.6)과 (5.7)을 사용하거나, 식변형을 하거나, 적절한 값을 대입하거나, 판별식을 이용하며, 문제의 실마리를 찾거나 풀이를 이행하게 될 것이다. 하지만 이차함수의 문제에 있어서 가장 중요한 실마리찾기는

　　　그림을 그리고 문제 상황을 그림을 통해 이해하는 것

이다.

예를 하나 들어 보자.

[예제] 이차함수 $y = x^2 + mx - m$에 있어, $y = 0$의 두 근 사이에 2가 있을 때, m의 값의 범위를 구하라.

이 문제에서 말하고 있는 것은 이차방정식의 두 근이 2를 사이에 두고 좌우에 하나씩 있어야 한다. 단지 그것뿐이다. 상황을 그림으로 그려 보자. 이 문제에 대해선 그림을 보여주지 않을 것이다. 여러분이 직접 그려 보라. 여러분이 그린 그림은 어떤 모양인가? 산골짜기 모양인데 $x = 2$에서 그 함수 값(y)이 0보다 작은 그림이면 적절한 그림이다. (왜냐하면, $x = 2$에서 함수 값이 0 이상이면, 근이 없거나 한 근만 갖거나 두 근이 모두 2의 왼쪽이나 오른쪽으로 치우쳐지게 되기 때문이다.) 그렇게 그렸는가? 그럼, 그 그림이 말하고 있는 것을 식으로 표현해 보자. 즉, x 대신 2를 대입했을 때 그 함숫값이 0

보다 작은 것:

$$2^2 + 2m - m < 0$$

그래서 m에 대해 풀면, 정답은

$$m < -4$$

이다.

위의 문제는, 적절한 그림을 그리고 그 그림이 말하고 있는 것을 식으로 끌어냄으로써 해결할 수 있었다. 이제, 식변형이나 기본형(정의)을 이용하여 실마리를 찾을 수 있는 문제를 풀어 보자.

[문제 5.12] 포물선 $y = 3x^2 + ax + b$의 꼭짓점이 $(1, 2)$일 때, a, b의 값을 구하라.

[중얼중얼] 식변형을 해보자. 꼭짓점을 표현하는 기본형은?

정답 : $a = -6$, $b = 5$ (실마리 : 140쪽, 풀이 : 153쪽)

다음 문제는 구간이 주어져 있는 최댓값/최솟값 문제이다. 이 때, 함수의 최솟값과 최댓값은 꼭짓점과 구간의 양 끝점에서의 함수 값으로부터 결정된다. 즉, 세 개의 값 중 가장 큰 값이 최댓값이고 가장 작은 값이 최솟값이다. 이런 사실도 억지로 외우지 말자. 그림을 그려 보고 가슴으로 느끼길 바란다.

【문제 5.13】 $0 \leq x \leq 4$에서 이차함수 $y = x^2 - 2x + m$의 최댓값이 10일 때, 최솟값을 구하라.

［중얼중얼］ 식변형을 해보자.

정답 : 최솟값=1 (여기서 $m=2$) (실마리 : 140쪽, 풀이 : 154쪽)

이쯤 되면, 여러분에겐 이제 수학의 약도(팔괘도)가 필요 없을지 모르겠다. 혼자서 이것저것 중얼거리며 문제의 실마리를 찾을 수 있기 때문이다. 제발 그랬으면 좋겠다. 어려운 문제들마저 혼자 힘으로 척척 풀어낼 수 있었으면 좋겠다.

5.1.7 삼각함수

평면 위의 점을 표현하기 위해 (x, y)-좌표계를 사용할 수 있지만 (거리, 방향)-좌표계를 사용할 수도 있다. 자동차를 운전하며 어느 특정 지점을 찾아갈 때, 객석에 앉은 사람이 "저기 있다"라고 외치면 운전자는 길에 신경 쓰느라 객석에 앉은 사람이 가리키는 방향을 보지 못해 어리둥절하겠지만, "50미터 전방, 11시 방향!"이라고 하면 운전자는 그 지점을 곧 알아차릴 수 있게 된다. 이처럼 평면의 점을 거리와 방향을 이용해 편리하게 표현할 수 있다. 평면 위의 점뿐 아니라 그네 타는 춘향이의 발의 위치나 우주를 나는 별, 운석, 인공위성 등의 위치를 표현할 때도 거리와 방향으로 효과적으로 표현할 수 있다. 그래서 수학에서는 (거리, 방향)-좌표계를 도입하고 이 새 좌표계로 표현된 함수들 간의 관계와 그들이 (x, y)-좌표계로 변형되었을 때의 식을 유도하게 되었는데, 이러한 수학의 분야를 삼각함수라 한다.

많은 학생들이 삼각함수를 어렵다고 생각한다. 삼각함수를 배우기 시작하며 여러분은 많은 공식을 외우려 노력했지만, 헷갈림을 버릴 수 없었던 경험이 있기 때문이다. 예를 들어, $\cos(270° + \alpha)$를

$\cos\alpha$라 해야 할지 $\sin\alpha$라 해야 할지, 또 그 앞에 마이너스($-$)를 붙여야 할지 말아야 할지 고민한 적이 있을 것이다. 이러한 헷갈림을 벗어 던질 수 있다면, 삼각함수는 결코 어려운 것이 아니다. 그래서 이 절에서는 이러한 어려움(헷갈림) 해소에 초점을 맞출 것이다.

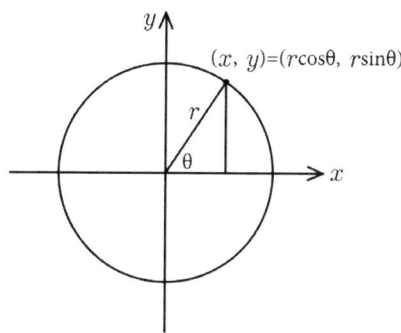

삼각함수의 정의: 먼저 위의 그림을 보자. 원점이 아닌 평면 위의 점 (x, y)에 대해 원점으로부터의 거리를 $r = \sqrt{x^2+y^2}$이라 하고, 원점에서 (x, y)에 이은 선분이 x-축과 이루는 각을 θ(래디안)라 하자.[4] 그러면

$$(x, y) = \left(r\frac{x}{r}, r\frac{y}{r}\right) = r\left(\frac{x}{r}, \frac{y}{r}\right)$$

로 표현할 수 있다. 여기서 $\left(\frac{x}{r}, \frac{y}{r}\right)$은 점 (x, y)의 방향을 나타내는데, 이 방향을 θ의 함수로 표현하기 위해, 그 가로성분과 세로성분을 각각 $\cos\theta$와 $\sin\theta$로 정의한다. 즉,

$$\cos\theta = \frac{x}{r}, \sin\theta = \frac{y}{r} \qquad (5.8)$$

---

[4] 여기서는 복잡성을 피하기 위해 래디안을 정의하지 않겠다. $1 = \frac{180°}{\pi}$, 즉 π(래디안)$= 180°$ 이다.

cos는 '코싸인'이라 읽고 sin은 '싸인'이라 읽는다. 한글의 음운론에서 ㄱ, ㅋ, ㄲ이 한 부류이고 ㅅ, ㅆ이 한 부류라는 것을 감안하면, '코'싸인이 '가'로성분이고 '싸'인이 '세'로성분임을 잊지 않을 것이다.5) 그리고 $\sin\theta$와 $\cos\theta$의 비율을 $\tan\theta$로 정의한다.

$$\tan\theta = \frac{\sin\theta}{\cos\theta} = \frac{y/r}{x/r} = \frac{y}{x} \quad (5.9)$$

간단히 표현하기(삼각합동법): 이제 큰 각의 삼각함수 값을 간단한 각의 함수로 표현하는 방법에 대해 알아보자. 먼저 $r=1$일 때, $\cos\theta$와 $\sin\theta$를 생각해 보자. 식 (5.8)로부터 $r=1$이면,

$$\cos\theta = x, \ \sin\theta = y$$

이를 다음과 같이 설명할 수 있다.

"$\cos\theta$와 $\sin\theta$는 각각 (반지름이 1인 원주 위에) 각이 θ인 점의 가로성분과 세로성분이다."

이 사실을 이용하여, $\cos\left(\frac{\pi}{2}+\alpha\right)$를 각 α의 함수로 표현해 보자.

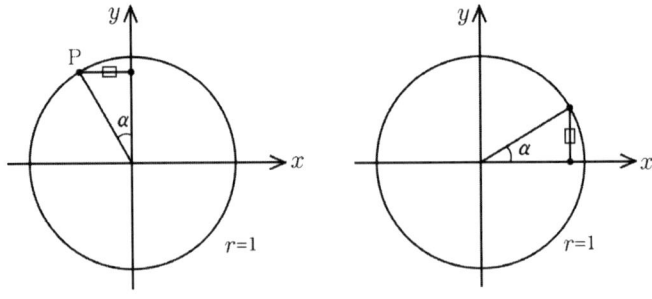

---

5) 미국에서 학생들을 가르칠 때는, ㄱ,ㅋ과 ㅅ,ㅆ이 없기 때문에, 학생들의 기억을 돕기 위해 다른 방법을 썼다. cos과 sin을 통틀어 가로나 세로의 모양을 하고 있는 알파벳은 sin에 있는 세로 모양을 하고 있는 'i'이다. 그래서 sin이 세로성분을 뜻한다.

앞의 왼쪽 그림에서, P는 반지름이 1인 원주 위에 각이 $\left(\dfrac{\pi}{2}+\alpha\right)$인 점을 나타낸다. 그래서 '$\cos$'$\left(\dfrac{\pi}{2}+\alpha\right)$는 점 P의 '가로'성분인데, □로 표시된 선분으로 나타낼 수 있다. 이제 각 α를 끼고 있는 직각삼각형을 움직여 (회전) 오른쪽 그림에서와 같이 옮겨 놓아보자. 그러면, □로 표시된 선분은 각 α를 갖는 원주상의 점의 '세로'성분을 나타내기 때문에 '$\sin$'α이다. 지금까지 우리가 발견한 것은, $\cos\left(\dfrac{\pi}{2}+\alpha\right)$와 $\sin\alpha$의 길이가 같다는 것이다. (직각삼각형의 같은 변을 표현하고 있기 때문이다.) 그런데 왼쪽 그림에서 □로 표시된 선분은 음의 방향이고 오른쪽 그림의 것은 양의 방향이다. 따라서 한쪽에 마이너스($-$)를 붙여 같게 놓을 수 있다. 즉,

$$\cos\left(\dfrac{\pi}{2}+\alpha\right)=-\sin\alpha$$

이다.

위의 방법은 일견 복잡해 보이지만 예제 서너 개 정도 풀고 나면, 쉽고 빠르게 활용할 수 있을 것이다. 예제를 하나 더 풀어 보자.

> [예제] $\sin\left(\dfrac{3\pi}{2}-\alpha\right)$은?

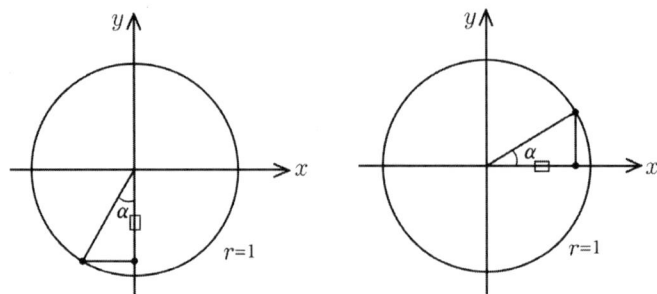

먼저 위의 왼쪽 그림을 보자. 각이 $\left(\dfrac{3\pi}{2}-\alpha\right)$인 점을 원주 위에 찍고 각 α를 끼고 있는 직각삼각형을 생각하면, '$\sin$'$\left(\dfrac{3\pi}{2}-\alpha\right)$는 그 삼각형의 '세로'성분을 나타낸다(□로 표시했다). 이 삼각형을 1사분면으로 옮기면 (뒤집기와 회전) 오른쪽 그림처럼 되는데, □로 표시된 선분은 이제 '가로'성분이다. 그래서 '$\cos$'α. 이제 부호를 정하자. 왼쪽 그림에서 □ 표시된 세로성분은 음의 방향이기 때문에, 마이너스($-$) 보호가 필요하다. 즉,

$$\sin\left(\dfrac{3\pi}{2}-\alpha\right)=-\cos\alpha$$

이다. 물론, $\tan$함수에 대해서도 위의 방법을 활용할 수 있다. 예를 들어,

$$\tan(\pi-\alpha)=\dfrac{\sin(\pi-\alpha)}{\cos(\pi-\alpha)}$$

이기 때문에, $\sin(\pi-\alpha)$와 $\cos(\pi-\alpha)$에 위의 방법을 적용할 수 있다. 따라서

$$\tan(\pi-\alpha)=\dfrac{\sin\alpha}{-\cos\alpha}=-\dfrac{\sin\alpha}{\cos\alpha}=-\tan\alpha$$

이다.(그림을 그려가며 확인해 보길 바란다.)

위에 소개한 방법은, 헷갈리는 공식을 외우는 노력을 절감시켜 주기 위해, 삼각함수의 개념과 삼각형의 합동을 활용하여 개발한 방법이다. 이 책에서는 위의 방법을 편의상 '삼각합동법'이라 부르겠다. 삼각합동법이 여러분의 삼각함수 정복에 도움이 되길 바란다.

삼각함수의 역수와 삼각함수들 간의 관계 : cos, sin, tan함수의 역함수는 다음과 같이 정의된다.

$$\sec\theta = \frac{1}{\cos\theta},\ \csc\theta = \frac{1}{\sin\theta},\ \cot\theta = \frac{1}{\tan\theta} = \frac{\cos\theta}{\sin\theta} \qquad (5.10)$$

이제 삼각함수들의 관계를 생각해 보자. 식 (5.8)로부터 $\sin\theta$와 $\cos\theta$의 관계식을 얻을 수 있다. 즉,

$$\sin^2\theta + \cos^2\theta = \left(\frac{y}{r}\right)^2 + \left(\frac{x}{r}\right)^2 = \frac{y^2 + x^2}{r^2} = 1 \qquad (5.11)$$

위의 식의 양변을 각각 $\cos^2\theta$과 $\sin^2\theta$로 나누면

$$\frac{\sin^2\theta}{\cos^2\theta} + 1 = \frac{1}{\cos^2\theta},\ 1 + \frac{\cos^2\theta}{\sin^2\theta} = \frac{1}{\sin^2\theta}$$

이 되는데, 이를 삼각함수들의 정의를 이용해 정리하면 다음과 같다.

$$1 + \tan^2\theta = \sec^2\theta,\ 1 + \cot^2\theta = \csc^2\theta \qquad (5.12)$$

삼각함수의 문제를 풀기 위해선 주어진 문제를 이해하고 식변형과 삼각함수의 항등식들을 활용하여 실마리를 찾는 것으로부터 시

작된다. 그래서 문제를 푸는 요령은 다른 분야의 문제와 다를 바 없다. 먼저 예제를 풀어보자.

[예제] $\tan\theta + \tan\left(\dfrac{\pi}{2} - \theta\right) = \dfrac{18}{5}$ 일 때, $\sin\theta - \cos\theta$의 값은?

이 문제의 조건은 일견 복잡해 보이지만, 간단히 정리할 수 있다. 미지수는 $\sin\theta - \cos\theta$의 값인데, 이 식을 제곱하여 정리하면

$$(\sin\theta - \cos\theta)^2 = \sin^2\theta + \cos^2\theta - 2\sin\theta\cos\theta = 1 - 2\sin\theta\cos\theta$$

이기 때문에, $\sin\theta\cos\theta$를 구하면 미지수를 찾을 수 있다. 그래서 조건을 정리하거나 식변형을 하여 $\sin\theta\cos\theta$를 구할 수 있는 가능성을 생각해 보자. 먼저, tan함수의 정의와 삼각합동법을 이용하면,

$$\tan\left(\dfrac{\pi}{2} - \theta\right) = \dfrac{\sin\left(\dfrac{\pi}{2} - \theta\right)}{\cos\left(\dfrac{\pi}{2} - \theta\right)} = \dfrac{\cos\theta}{\sin\theta} = \cot\theta$$

그래서 조건이 뜻하는 것은 $\tan\theta + \cot\theta = \dfrac{18}{5}$ 이다. 그런데 tan와 cot를 sin과 cos의 비례로 표현하면,

$$\tan\theta + \cot\theta = \dfrac{\sin\theta}{\cos\theta} + \dfrac{\cos\theta}{\sin\theta} = \dfrac{\sin^2\theta + \cos^2\theta}{\sin\theta\cos\theta} = \dfrac{1}{\sin\theta\cos\theta}$$

따라서 $\sin\theta\cos\theta = \dfrac{5}{18}$ 가 되고,

$$(\sin\theta - \cos\theta)^2 = 1 - 2\sin\theta\cos\theta = 1 - 2 \cdot \dfrac{5}{18} = \dfrac{4}{9}$$

이다. 따라서 미지수는 (원하는 답) $\sin\theta - \cos\theta = \pm\dfrac{2}{3}$ 가 된다.

다음 문제를 풀어보자.

[문제 5.14] 다음을 간단히 하여라.
$$\frac{\sin\left(\frac{\pi}{2}+\theta\right)}{\cos(-\theta)\sin^2\left(\frac{3\pi}{2}+\theta\right)} - \frac{\cos\left(\frac{\pi}{2}+\theta\right)\tan^2(-\theta)}{\sin(-\theta)}$$

[중얼중얼] 각각의 항을 삼각함동법을 이용해 간단히 하고, 필요하다면 삼각함수의 항등식을 이용하자.

정답 : 1 (실마리 : 140쪽, 풀이 : 155쪽)

[문제 5.15] 이차방정식 $25x^2+ax-12$의 두 근이 $\sin\theta$, $\cos\theta$ 일 때, a의 값을 구하여라.

[중얼중얼] 근과 계수와의관계를 이용하자.

정답 : $a = \pm 5$ (실마리 : 140쪽, 풀이 : 155쪽)

5.1.8 순서도

여러분이 머리와 연필로 할 수 있는 계산을 컴퓨터로 할 수 있다. 컴퓨터가 논리적으로 일을 처리할 수 있게, 필요한 과정과 그 과정의 순서를 표현한 것을 알고리즘이라고 부르고, 그 알고리즘을 그림으로 표현한 것이 순서도이다. 즉, 순서도는 '알고리즘의 약도(略圖)'이다. 이 약도를 구성하고 있는 기호는, 아래 그림에서처럼, 시작과 끝을 나타내는 육상트랙, 계산과 처리를 나타내는 사각형, 판단을 나타내는 마름모, 인쇄를 표현하는 출렁이는 사각형, 처리과정의 흐름을 나타내는 화살표가 있다.

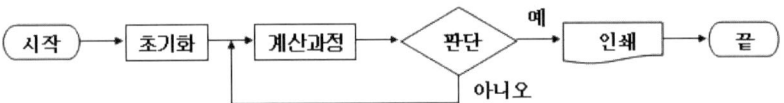

순서도의 문제들은 순서도를 작성하는 문제와 판독 하는 문제로 이루어져 있다. 위의 그림에서, 초기화, 계산과정, 판단, 인쇄에 적절한 것을 넣음으로써 순서도를 작성할 수 있고, 넣어져 있는 내용이 무엇인지 알아냄으로써 순서도를 판독할 수 있다. 순서도를 작성할 때 주로 쓰이는 방법은, 먼저 적절하다고 판단되는 것을 써넣고 스스로 판독하며 원하는 것이 완성될 때까지 고쳐나가는 것이다. 그래서 순서도 판독은 중요한 위치를 차지한다. 여기서는 순서도 판독만을 다루겠다. 순서도를 판독할 수 없다면 작성할 수도 없기 때문에, 판독부터 확실히 공부해두길 바란다.

예제 하나를 먼저 생각해 보자.

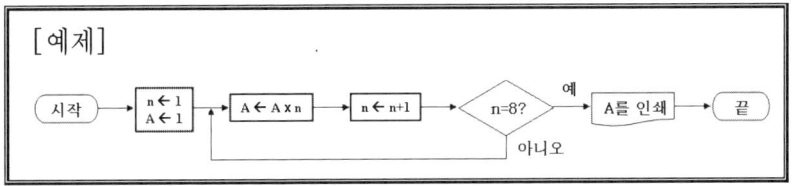

순서도의 주요 처리과정은 '초기화', '계산과정', '판단'이다. 초기화와 계산과정은 사각형 안에 표현되고, 판단은 마름모에 표현되어 있다. 위의 순서도에서 초기화는 $[n \leftarrow 1, \ A \leftarrow 1]$이고, 계산과정은 $[A \leftarrow A \times n]$과 $[n \leftarrow n+1]$이고, 판단은 $\langle n=8? \rangle$이다. 사각형(계산/처리) 안에 나타나는 '←'는 오른편의 값을 왼편의 변수에 저장하라는 기호이다. 예를 들어, $A \leftarrow A \times n$은 A의 값에 n의 값을 곱한 결과를 변수 A에 저장한다는 뜻이고, $n \leftarrow n+1$는 n의 값에 1을 더하여 그 결과를 변수 n에 저장한다는 뜻이다.

그럼, 순서도를 효과적으로 판독하는 요령은 무엇일까? 수학의 다른 문제에서와 마찬가지로 일단은 그 순서도를 이해해야 한다. 즉, 무엇을 계산하고 있는지 알아내야 한다. 순서도의 처리과정은 계산과정 부분을 빙글빙글 돌다가, 주어진 판단을 만족하면 도는 것을 멈추고 작업을 끝내는 쪽으로 가게 된다. 그래서 여러분이 "주의해야 할 부분은 계산과정"이며, "해야 할 일은 계산과정을 빙글빙글 돌며 변수들의 값을 점검"하는 것이다. 수건돌리기에서 술래를 따라 여러분의 눈이 빙글빙글 돌며 수건을 점검하듯이. 다음의 그림을 보라. 위 [예제]의 그림과 다른 점은 계산과정의 끝과 판단 사이에 '하향화살표(⬇)'를 그려 넣은 것이다. 이 지점에서 여러분은 모든 변수들의 값을 매번 점검해야 한다.

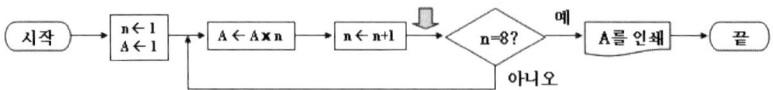

그럼, 계산과정을 빙글빙글 돌며 변수들의 값들을 점검해 보자. 초기화에서 $n=1$, $A=1$이 되었다. 처음으로 계산과정을 지나 하향화살표 지점에 이르면

$$A \leftarrow A \times n = 1 \times 1, \quad n \leftarrow n+1 = 1+1$$

이 된다. 즉, $A=1$, $n=2$이다. 이제 순서도에게 판단을 맡겨 보라. ⟨$n=8$?⟩ 답은 '아니오'이다. 그래서 '아니오'가 가는 화살표를 따라 계산과정의 처음으로 가게 된다. 다시 계산과정을 지나 하향화살표 지점에 이르면

$$A \leftarrow A \times n = 1 \times 2, \quad n \leftarrow n+1 = 2+1$$

이 된다. 즉, $A=1 \times 2 = 2$, $n=3$이다. 또 n이 8이 아니기 때문에, 판단의 결과인 '아니오'를 따라 계산과정의 처음으로 가게 된다. 그래서 다시 계산과정을 지나 하향화살표 지점에 이르면

$$A \leftarrow A \times n = (1 \times 2) \times 3, \quad n \leftarrow n+1 = 3+1$$

이 된다. 즉, $A = 1 \times 2 \times 3 = 6$, $n=4$이다.

이렇게 몇 차례 빙글빙글 돌다 보면, $n=8$이 되는 순간이 다가올 것이다. 이 때 A의 값은 무엇일까? 그렇다.

$$A = 1 \times 2 \times 3 \times \cdots \times 7 = 7! = 5040$$

이다. 이를 정리해 보자.

A	1(초기치)	1×1	1×2	$1\times 2\times 3$	$\cdots$	$1\times 2\times 3\times \cdots \times 7$
n	1(초기치)	2	3	4	$\cdots$	8

여러분이 실제로 문제를 풀 때에는 위와 같은 표를 만들어 풀길 바란다. 곱하기나 더하기로 이어지는 변수에 대해선, 실제로 계산을 하지 말고 곱해지거나 더해지는 양들을 가시화하기만 하는 것이 좋다. 위의 표에서 변수 A처럼. (그 값의 계산은 마지막 순간에 하면 된다.) 더 바람직하게는, 각 계산에서의 변화만을 명시할 수도 있다.

A의 변화	1(초기치)	$\times 1$	$\times 2$	$\times 3$	$\cdots$	$\times 7$
n	1(초기치)	2	3	4	$\cdots$	8

위의 표로부터 인쇄되는 A는 n이 8이 되는 순간의 값
$$1\times 2\times 3\times \cdots \times 7 = 5040$$
임을 또한 쉽게 알 수 있다.

여러분이 순서도 문제를 풀며 기억하고 있어야 할 사항은 다음과 같다.

"순서도가 판단하기 직전에, 내가 먼저, 모든 변수들의 값을 점검하자."

변수들을 점검하는 표를 만들 때에는 계산과정에서의 순서대로 점검하는 것이 편리할 것이다. 위의 예제에서는 A가 먼저 계산된 뒤 n이 증가했다. 그래서 표에서 A를 위에다 놓았다. 만약 여러분

이 n을 위에다 놓는 것에 더욱 익숙해 있다면 그렇게 해도 좋다. 하지만 A의 값을 먼저 점검해야 한다는 사실을 잊어서는 안 된다.

이제 마지막으로 순서도 문제 하나를 풀어 보자.

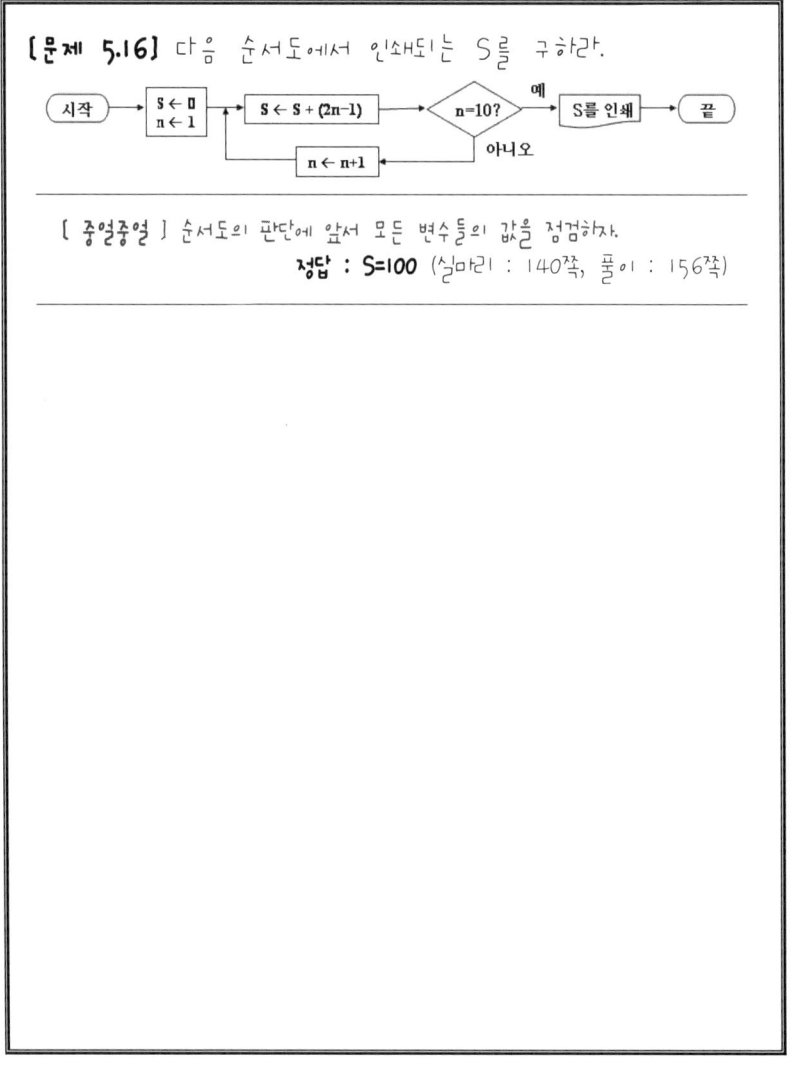

5.2 실마리 예시

문제 5.1의 실마리 : 두 개의 나누기를 나머지정리의 표준형을 써서 표현하자. 그리고 적절한 값을 대입한 뒤, 그 나머지를 같다고 놓자.

문제 5.2의 실마리 : 자료와 미지수에 관련된 각각의 식을 나머지정리의 표준형을 써서 표현해 보자. 그리고 적절한 값을 대입해 관련성을 찾자.

문제 5.3의 실마리 : 근과 계수와의 관계를 이용하고, 두 근을 정하기 위해 자료 $\beta = 2\alpha$를 이용하자.

문제 5.4의 실마리 : $\alpha^2 + \beta^2$는 $\alpha + \beta$와 $\alpha\beta$와 어떤 관련성이 있지? 그래. $\alpha^2 + \beta^2 = (\alpha + \beta)^2 - 2\alpha\beta$. 근과 계수의 관계와 함께, 이를 이용해 보자.

문제 5.5의 실마리 : 근과 계수와의 관계를 이용하면, 주어진 이차부등식은 $2(x-\alpha)(x-\beta) > 0$의 꼴이어야 한다.

문제 5.6의 실마리 : 자료, 특히 근과 계수와의 관계를 이용해 a, b, c의 부호나 관계를 찾아보자.

문제 5.7의 실마리 : 수직인 두 직선의 기울기의 곱은 -1이다.

문제 5.8의 실마리 : 교점을 찾은 뒤, 원점에서의 거리가 1이라는 조건을 이용해 기울기를 정하자.

문제 5.9의 실마리 : 한 점이 주어져 있기 때문에, 기울기를 찾아야 한다. '중심에서 접점에 내린 발은 접선과 수직이다'는 사실을 이용하자.

문제 5.10의 실마리 : 점 (3, 2)를 지나는 직선의 기본형을 생각하고, 기울기를 정하면 된다. '원의 중심으로부터 접선까지의 거리는 반지름과 같다'는 사실을 이용하자.

문제 5.11의 실마리 : 원 밖의 정점으로부터 원까지의 최소/최대거리가 되는 점들은 그 정점과 원의 중심을 지나는 직선상에 있다.

문제 5.12의 실마리 : 꼭짓점을 표현하는 포물선의 기본형, $y = a(x-\alpha)^2 + \beta$를 생각하자.

문제 5.13의 실마리 : 주어진 이차함수를 꼭짓점을 표현하는 식으로 변형해 보자. 이차함수의 좌우 대칭성을 이용하자. 구간에 주의할 것. (이차함수가 산골짜기 모양일 때, 꼭짓점에서 최솟값을 갖고 꼭짓점에서 멀어질수록 함숫값이 증가.)

문제 5.14의 실마리 : 각 항을 간단히 한 뒤, tan함수의 정의와 항등식 $\sin^2\theta + \cos^2\theta = 1$을 이용하자.

문제 5.14의 실마리 : 항등식 $(\sin\theta \pm \cos\theta)^2 = 1 \pm 2\sin\theta\cos\theta$를 이용하자.

문제 5.16의 실마리 : 순서도의 판단에 앞서 모든 변수들의 값을 점검하자.

5.3 풀이와 해설

문제 5.1 풀이

[중얼중얼] 조건은 : mx^2+3x+1을 $x-1$로 나눈 나머지와 $x-2$로 나눈 나머지가 같다.

미지수는 : m의 값.

이는 나머지정리 문제이다. 그래, 나머지정리의 표준형을 써야겠구나. mx^2+3x+1을 $x-1$로 나눈 나머지와 $x-2$로 나눈 나머지가 같다는 것을 나머지정리의 표준형으로 쓰면,

$$mx^2+3x+1 = (x-1)q_1(x)+a,$$
$$mx^2+3x+1 = (x-2)q_2(x)+a$$

이제 상수를 대입해 보자. 앞의 첫 번째 식에 $x=1$을 두 번째 식에 $x=2$를 대입하면

$$m+3+1=a,\ 4m+6+1=a$$

이다. 따라서

$$m+3+1=4m+6+1$$

이고, 이 식을 m에 대해 풀면, 미지수 $m=-1$이다. (이 때의 나머지 $a=3$이다.)

문제 5.2 풀이

[중얼중얼] 자료는 : f(x)를 x-1로 나눈 나머지는 7이고, (x-2)² 으로 나눈 나머지는 3x+6.
미지수는 : (x-1)(x-2)로 나눈 나머지.

먼저, 미지수와 관련된 식을 나머지정리의 표준형을 써서 표현해 보자.
$$f(x) = (x-1)(x-2)q(x) + ax + b$$
여기서 우리가 찾아야 할 미지수는 $ax+b$. 즉, a, b를 결정해야 한다. 우선, 위의 식에 $x=1$과 $x=2$를 대입해 보자.
$$a+b = f(1), \ 2a+b = f(2)$$

[중얼중얼] f(1)과 f(2)를 알면 a, b를 결정할 수 있겠네. 그럼, 이들을 어떻게 알아내지? 그래 주어진 자료를 이용해 보자.

$f(x)$를 $x-1$로 나눈 나머지가 7이라는 것은,
$$f(x) = (x-1)q_1(x) + 7$$
이다. 여기에 $x=1$을 대입하면, $f(1) = 7$이다. 또, $f(x)$를 $(x-2)^2$로 나눈 나머지가 $3x+6$이라는 것은,
$$f(x) = (x-2)^2 q_2(x) + 3x + 6$$
이다. 여기에 $x=2$를 대입하여 $f(2) = 3 \cdot 2 + 6 = 12$를 얻는다. 이 정보를 위에서 구한 a와 b의 연립방정식에 대입하면,
$$a+b = 7, \ 2a+b = 12$$
이를 풀면, $a=5$, $b=2$를 얻는다.

[중얼중얼] 잠깐, 미지수가 뭐였지 : ax+b.

따라서 정답은 $5x+2$이다.

문제 5.3 풀이

[중얼중얼] 자료는 : $2x^2+6x+m$의 한 근이 다른 근의 2배
  미지수는 : m의 값 (근과 계수와의 문제 같구나.)

먼저 변수를 도입하자. α, β를 두 근이라 하고, 근과 계수와의 관계를 이용하면

$$\alpha+\beta=-\frac{6}{2}=-3, \ \alpha\beta=\frac{m}{2}$$

임을 알 수 있다. 위의 식을 풀기 위해 자료를 이용해 보자.

[중얼중얼] 한 근이 다른 근의 2배라는 뜻은 : $\beta=2\alpha$

따라서

$$\alpha+\beta=\alpha+2\alpha=3\alpha=-3$$

그러므로 $\alpha=-1$ 이고, $\beta=2\alpha=-2$이다.

[중얼중얼] 잠깐, 미지수가 뭐였지 : m

그런데 $\alpha\beta=\dfrac{m}{2}$으로부터

$$\frac{m}{2}=\alpha\beta=2$$

이기 때문에, $m=4$이다.

문제 5.4 풀이

[중얼중얼] 자료는 : $x^2-(m+4)x+2m=0$의 두 근 α, β가 $\alpha^2+\beta^2=12$
를 만족.
미지수는 : m의 값.

우선 근과 계수와의 관계를 이용하여,
$$\alpha+\beta=m+4, \ \alpha\beta=2m$$
임을 알 수 있다. 이를 풀기 위해 자료를 이용하자. 주어진 자료는 $\alpha^2+\beta^2=12$이다. 그런데 $\alpha^2+\beta^2=(\alpha+\beta)^2-2\alpha\beta$이므로
$$12 = \alpha^2+\beta^2$$
$$= (m+4)^2 - 2\cdot 2m = m^2+8m+16-4m = m^2+4m+16$$
즉, $m^2+4m+4=0$이다. 이 식을 m에 대해 풀면 $m=-2$이다.

문제 5.5 풀이

[중얼중얼] 자료는 : $2x^2+ax+b\rangle 0$의 해가 $x\langle -1, \ x\rangle 3$.
미지수는 : 상수 a, b의 값.

이차부등식 $2x^2+ax+b>0$의 해가 $x<-1$, $x>3$이라고 했다. 이 상황을 그림으로 표현해 보자.

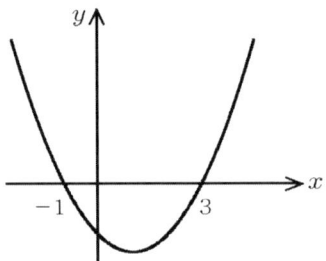

따라서 관련된 이차방정식의 해는 -1, 3이고 주어진 부등식은 다

음과 같은 꼴이어야 한다.
$$2(x+1)(x-3) > 0$$
따라서
$$2(x^2 - 2x - 3) = 2x^2 - 4x - 6 > 0$$
이다. 이것을 주어진 이차부등식과 비교해 보면, 미지수 $a = -4$, $b = -6$이다.

문제 5.6 풀이

[중얼중얼] 자료는 : $ax^2 + bx + c > 0$ 의 해가 $0 < x < 4$.
　　　　　미지수는 : $bx^2 + cx + a < 0$의 해.

먼저, 이차부등식 $ax^2 + bx + c > 0$의 해가 $0 < x < 4$라는 것의 뜻을 생각해 보자.

[중얼중얼] 함수가 0보다 큰 구간이 0과 4의 '사이' 이다.

그래프는 산봉우리 모양일까? 아니면, 산골짜기 모양일까? 산봉우리 모양이어야 한다. (산봉우리를 연상하고 적당히 중간부분을 수평선으로 잘라 봐라. 산이 수평선 위에 있는 구간은 '사이'이다.) 그럼, 이 부등식이 표현하는 상황을 그림으로 표현해 보자.

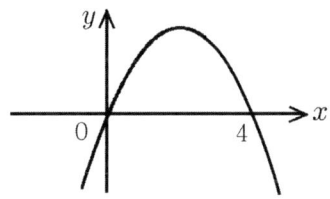

앞의 그림으로부터 알 수 있는 것은 $a < 0$이고, 자료로 주어진 부등식은 다음의 꼴이어야 한다. $ax(x-4) > 0$ 즉, $ax^2 - 4ax > 0$. 이를 주어진 부등식과 비교해 보자. 그럼, $b = -4a$, $c = 0$을 얻는다. 따라서 미지수를 구하기 위해 우리가 풀어야 할 부등식은

$$bx^2 + cx + a = -4ax^2 + a < 0$$

이다. 이 식을 $-a$로 나누면

$$4x^2 - 1 < 0$$

이다(왜냐하면, $a < 0$ 이므로 $-a > 0$). 이차방정식 $4x^2 - 1 = 0$을 인수분해하면 $(2x+1)(2x-1) = 0$이므로, $x = -\frac{1}{2}, \frac{1}{2}$이다. 이차함수 $4x^2 - 1$는 산골짜기 모양이기 때문에, 잘라서 수평선 밑에 있는 부분은 '사이'이다. 따라서 원하는 답은 $-\frac{1}{2} < x < \frac{1}{2}$이다.

문제 5.7 풀이

[중얼중얼] 자료는 : x+2y=3에 수직이고 점 (-1, 5)를 지남.
　　　　　　미지수는 : 직선의 방정식. 먼저 직선의 방정식의 정의를
　　　　　　　　　　　생각해 보자. 한 점이 주어졌으니, 기울기만
　　　　　　　　　　　찾으면 되겠네.
　　　　　　자료는 : 직선 x+2y=3에 수직하다는 것.

확실하게 하기 위해 식 $x + 2y = 3$을 눈에 익은 형태로 변형하면,

$$y = -\frac{1}{2}x + \frac{3}{2}$$

이다. 이 직선의 기울기는 $-\frac{1}{2}$이므로 원하는 직선의 방정식의 기울기는 2이다(왜냐하면, 수직인 두 직선의 기울기의 곱은 -1이기 때문이다.). 이제 필요한 것을 다 얻었다. 한 점 (-1, 5)과 기울기 2, 따라서 원하는 직선의 방정식은
$$y - 5 = 2(x+1)$$
이고, 이 식을 정리하면 $y = 2x + 7$이다.

문제 5.8 풀이

[중얼중얼] 자료는 : x+y+2=0, 2x-y+4=0의 교점을 지남.
조건은 : 원점에서의 거리가 1.
미지수는 : 직선의 방정식.

직선의 방정식은 '한 점과 기울기'로 결정된다.

그 한 점은?
그래, 두 직선 x+y+2=0, 2x-y+4=0의 교점을 지난다고 했다.

그 교점이 '그 한 점'이다. 그래서 그 교점을 먼저 찾자. 두 식을 더하면, $3x + 6 = 0$이고 $x = -2$이다. 따라서 $y = 0$이고, 교점은 (-2, 0)이다.

그럼, 기울기는?
조건에서 말한 대로, 원하는 직선은 원점에서의 거리가 1이 되어야 하기 때문에, 그 기울기는 원점에서의 거리를 1이 되게 하는 값이어야 하겠지.

일단 기울기를 a라고 하자. 그럼, 기울기가 a이고, 점 (-2, 0)을 지나는 직선의 방정식은
$$y - 0 = a(x+2)$$
이다. 이를 기본형으로 식변형하여 정리하면
$$ax - y + 2a = 0$$
이다. 이 직선이 원점에서의 거리가 1이기 때문에
$$\frac{|a \cdot 0 - 0 + 2a|}{\sqrt{a^2+1}} = 1$$
을 얻는다. 양변을 제곱하고, 양변에 a^2+1곱하면,
$$4a^2 = a^2 + 1$$
따라서 $a = \pm \dfrac{1}{\sqrt{3}}$ 이다. 그러므로 원하는 직선의 방정식은
$$y = \pm \frac{1}{\sqrt{3}}(x+2)$$
이다.

Note : 원점으로부터 거리가 1인 직선은, 원 $x^2 + y^2 = 1$에 접하는 직선과 같다. (원의 방정식에 대해서 다음 절에서 설명하겠다.) 이 문제를 위해 그림을 그려 봐도 좋다. 자료로 주어진 두 직선의 교점 (-2, 0)을 찾았을 때, 다음과 같은 그림을 그려볼 수 있다.

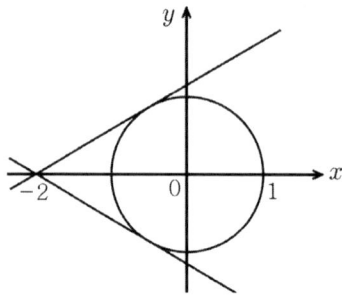

문제 5.9 풀이

[중얼중얼] 미지수는 : 접선의 방정식.
자료는 : 원 $(x-2)^2+y^2=10$ 위의 점 $(1, 3)$.

원 위의 한 점이 주어져 있구나. 미지수는 접선의 방정식. 따라서 남은 일은 기울기 찾기. 어떻게?

일단 그림을 그려 보자. 원 $(x-2)^2+y^2=10$ 은 중심이 $(2, 0)$이고 반지름이 $\sqrt{10}$ 이기 때문에 다음과 같이 그려질 수 있다.

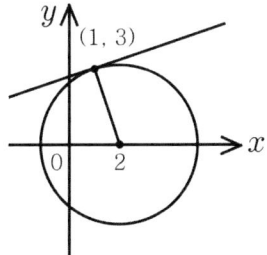

원의 중심에서 접점에 내린 발은 접선과 수직이라는 사실을 이용해 보자. 접점에 내린 발은 $(2, 0)$과 $(1, 3)$을 지나므로, 그 기울기 ($=y$와 x의 변화의 비율)는 $\dfrac{3-0}{1-2}=-3$이나. 그래서 원하는 접선의 기울기는 $\dfrac{1}{3}$이어야 한다. (왜냐하면, 수직인 직선의 기울기의 곱은 -1이기 때문이다.) 따라서 우리가 찾고자 하는 접선의 방정식은 점 $(1, 3)$을 지나고 기울기가 $\dfrac{1}{3}$이다. 즉,

$$y-3=\frac{1}{3}(x-1)$$

이고, 이 식을 정리하면 $y=\dfrac{1}{3}x+\dfrac{8}{3}$이 된다.

문제 5.10 풀이

[중얼중얼] 미지수는 : 직선의 방정식.
조건은 : 원 $(x-1)^2 + (y-2)^2 = 2$에 접한다.
자료는 : 점 $(3, 2)$을 지난다.

직선을 구하는 문제로구나. 그래. 먼저, 상황을 그림으로 그려 보자. 구하려는 직선은 중심이 $(1, 2)$이고 반지름이 $\sqrt{2}$인 원에 접하고, 한 점 $(3, 2)$을 지난다고 했기 때문에 다음과 같은 그림을 얻는다.

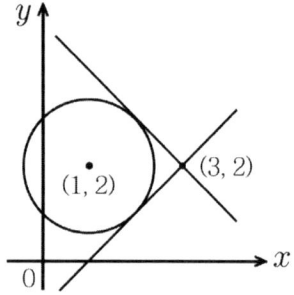

한 점 $(3, 2)$이 주어져 있으므로 기울기만 찾는다면 식을 구할 수 있다. 어떻게? 원의 중심으로부터 접선까지의 거리는 반지름과 같다는 사실을 이용해 보자. 먼저 직선의 기본형을 만들자. 기울기를 a라 하고 점 $(3, 2)$을 지나는 직선은

$$y - 2 = a(x - 3)$$

이다. 이를 표준형으로 식변형하면

$$ax - y - 3a + 2 = 0$$

원의 중심 $(1, 2)$로부터 이 직선까지의 거리는 이 원의 반지름과

같아야 한다. 즉,

$$\frac{|a \cdot 1 - 2 - 3a + 2|}{\sqrt{a^2+1}} = \frac{|-2a|}{\sqrt{a^2+1}} = \sqrt{2}$$

양변을 제곱하고, 양변에 a^2+1을 곱하면

$$4a^2 = 2(a^2+1)$$

이다. 그래서 $2a^2 = 2$이고 $a = \pm 1$을 얻는다.

미지수는? 직선의 방정식. 그럼, 직선을 완성해야 한다.

$a=1$일 때 $y = ax - 3a + 2$는

$$y = x - 1$$

이 되고, $a=-1$일 때 $y = ax - 3a + 2$는

$$y = -x + 5$$

가 된다. 즉, 원하는 접선의 방정식은 $y=x-1$과 $y=-x+5$의 두 개이다.

문제 5.11 풀이

[중얼중얼] 자료는 : 정점 A(-1, -1).
조건은 : 점 P는 원 $(x-3)^2 + (y-2)^2 = 4$ 위를 돌고 있다.
미지수는 : 선분 AP의 길이의 최솟값과 최댓값

먼저 그림을 그려 보자. 원 $(x-3)^2 + (y-2)^2 = 4$은 중심이 (3, 2)이고 반지름이 2이다. 원의 중심을 O라 하면 다음의 그림을 그릴 수 있다.

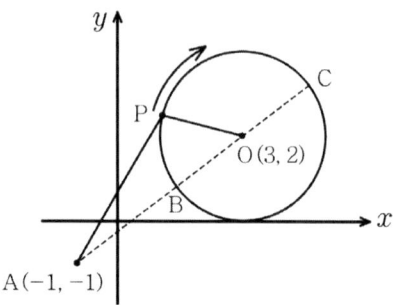

정점 A(-1, -1)가 주어져 있고, 점 P는 원주 위를 돌고 있다. 먼저 선분 AP의 길이의 최솟값을 생각해 보자. 무슨 뜻일까? 그렇다. 점 A로부터 원주 위의 어떤 점까지의 최소 길이를 의미한다. 그럼, 원주 위의 어느 점일까? 점 A로부터 원의 중심 O로 선분을 그렸을 때, 원주와 만난 점 B를 생각해 보자. 선분 AB의 길이가 원하는 최솟값이 될 것이다.6) 그럼, 이 최솟값은 어떻게 구하지? 점 B의 x, y-좌표를 찾아야 하나?7) 아니. 그럴 필요는 없어 보인다. 먼저 AO의 길이를 구하고 원의 반지름인 2를 빼내면 되겠구나. 그런데,

$$\overline{AO} = \sqrt{(3+1)^2 + (2+1)^2} = \sqrt{25} = 5$$

따라서 최솟값은 $5-2=3$이다.

---

6) 이 결론은 무척 직관에 의존한 것이지만 올바른 결론이다. 만약 이것을 증명하려면 어떻게 할까? △APO를 생각해 보자 (P≠B). 삼각형의 두 변의 합은 다른 한 변의 길이보다 크다는 사실로부터 $\overline{AP} + \overline{PO} > \overline{AO}$. 그런데,
$$\overline{AO} = \overline{AB} + \overline{BO} \text{이고} \overline{PO} = 2 = \overline{BO}$$
이기 때문에, $\overline{AP} > \overline{AB}$를 얻는다. 이는 B가 아닌 원주 위의 모든 점 P에 대해 성립한다.

7) 점 B의 x, y-좌표를 찾으라는 문제가 주어진다면 어떻게 할까? 먼저 점 A와 원의 중심 O를 지나는 직선의 방정식을 구하고 이 직선과 원과의 교점을 찾으면 될 것이다. 이는 이차방정식을 푸는 것에 해당된다. 관심 있는 학생은 직접 풀어 보라.

이제 AP의 길이의 최댓값을 구하기 위해, 선분 AO를 밖으로 연장해 보자. 원주와 만나는 점을 C라 하면, AC의 길이가 원하는 최댓값임을 알 수 있다.[8] 따라서 AP의 길이의 최댓값은

$$\overline{AO} + \overline{OC} = 5 + 2 = 7$$

정리하면, AP의 길이의 최솟값과 최댓값은 각각 3과 7이다.

문제 5.12 풀이

[중얼중얼] 자료는 : 포물선 $y=3x^2+ax+b$의 꼭짓점이 $(1, 2)$.
미지수는 : a, b의 값. 먼저 자료를 이용해 보자.

포물선의 꼭짓점이 주어져 있다. 그럼, 꼭짓점을 표현하는 포물선의 기본형을 생각해 보자. 이차항의 계수가 3이고 꼭짓점이 $(1, 2)$이기 때문에, 그 포물선은

$$y = 3(x-1)^2 + 2$$

이어야 한다. 이를 정리하면

$$y = 3(x^2 - 2x + 1) + 2 = 3x^2 - 6x + 5$$

이다. 주어진 포물선 $y = 2x^2 + ax + b$과 비교하면,

$$a = -6, \ b = 5$$

를 얻는다.

---

[8] 이를 증명하려면 최솟값을 구할 때와 같은 방법으로 하되 $\overline{AO} + \overline{PO} > \overline{AP}$로부터 시작하라.

문제 5.13 풀이

[중얼중얼] 자료는 : $0 \leq x \leq 4$에서 이차함수 $y = x^2 - 2x + m$의
최댓값이 10.
미지수는 : 함수의 최솟값

이 문제는 최대최소 문제이다. 먼저, 주어진 함수를 꼭짓점을 표현하는 식으로 식변형 해보자.

$$y = x^2 - 2x + m = (x-1)^2 + m - 1$$

따라서 꼭짓점은 $(1, m-1)$이고, 대칭축은 $x=1$이다. 대칭축이 주어진 구간 안에 있기 때문에 $m-1$은 최솟값이 된다. m을 구해 보자. 그림을 그려 보자.

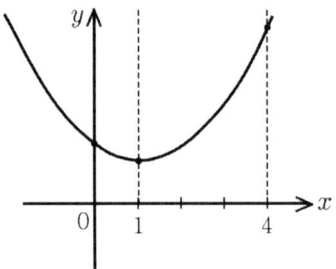

주어진 함수는 산골짜기 모양을 하고 있기 때문에 대칭축에서 멀리 떨어진 $x=4$에서 이 함수는 최댓값을 갖는다. 즉,

$$(4-1)^2 + m - 1 = 10$$

이를 m에 대해 풀면, $m=2$이다. 따라서 최솟값은 $m-1=1$이다. (물론 이 때의 함수는 $y=(x-1)^2+1$이다.)

문제 5.14 풀이

이 문제가 요구하는 것은 식을 간단히 하기이다. 먼저, 삼각합동법을 이용해 각각의 항을 간단히 해 보자.

$$\sin\left(\frac{\pi}{2}+\theta\right)=\cos\theta,\ \cos(-\theta)=\cos\theta,\ \sin\left(\frac{3\pi}{2}+\theta\right)=-\cos\theta,$$

$$\cos\left(\frac{\pi}{2}+\theta\right)=-\sin\theta,\ \tan(-\theta)=-\tan\theta,\ \sin(-\theta)=-\sin\theta$$

그래서 주어진 미지수는 다음과 같다.

$$\frac{\cos\theta}{\cos\theta\cos^2\theta}-\frac{(-\sin\theta)\tan^2\theta}{-\sin\theta}=\frac{1}{\cos^2\theta}-\tan^2\theta$$

그런데 $\tan\theta=\dfrac{\sin\theta}{\cos\theta}$ 이고 $1-\sin^2\theta=\cos^2\theta$ 이기 때문에,

$$\frac{1}{\cos^2\theta}-\tan^2\theta=\frac{1}{\cos^2\theta}-\frac{\sin^2\theta}{\cos^2\theta}=\frac{1-\sin^2\theta}{\cos^2\theta}=\frac{\cos^2\theta}{\cos^2\theta}=1$$

따라서 정답은 1이다.

문제 5.15 풀이

[중얼중얼] 자료는 : $25x^2+ax-12$의 두 근이 $\sin\theta$, $\cos\theta$ 라는 것. 미지수는 : a의 값.

먼저 근과 계수와의 관계를 생각하자.

(i) $\sin\theta+\cos\theta=-\dfrac{a}{25}$, (ii) $\sin\theta\cos\theta=-\dfrac{12}{25}$

이 두 식은 어떻게 관련되어 있지? 맞아.

$$(\sin\theta + \cos\theta)^2 = 1 + 2\sin\theta\cos\theta$$

그래서 식 (ⅰ)의 양변을 제곱하면

$$(\sin\theta + \cos\theta)^2 = 1 + 2\sin\theta\cos\theta = \frac{a^2}{25^2}$$

식 (ⅱ)를 위의 식에 대입하면

$$\frac{a^2}{25^2} = 1 + 2\cdot\left(-\frac{12}{25}\right) = 1 - \frac{24}{25} = \frac{1}{25}$$

이를 정리하면, $a^2 = 25$이다. 따라서 미지수 $a = \pm 5$이다.

문제 5.16 풀이

아래 그림처럼 순서도에 하향화살표(⬇)를 그려 넣고, 이 지점에서 (순서도의 판단 직전에) 모든 변수들의 값을 점검해 보자.

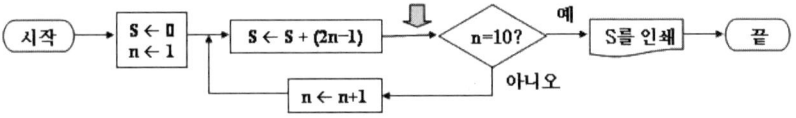

초기치 $S = 0$, $n = 1$로부터 시작하여 하향화살표 지점에 도착하면

$$n = 1,\ S \leftarrow S + (2n-1) = 1$$

그러면 순서도의 판단: '$n = 10?$' 아니다. 그래서 '아니오'의 화살표를 따라가면 중간에 n의 값이 하나 오른 2가 된다. 따라서 하향화살표 지점에 도착하면,

$$n = 2,\ S \leftarrow S + (2n-1) = 1 + 3$$

다시, 순서도의 판단: '$n=10$?' 아니다. 그래서 '아니오'의 화살표를 따라가면 중간에 n의 값이 하나 오른 3이 된다. 다시 하향화살표 지점에 도착하면,

$$n=3,\ S \leftarrow S+(2n-1)=1+3+5$$

이렇게 '$n=10$?'이 만족할 때까지 빙글빙글 돌게 된다. 그럼, $n=10$일 때 S는? $S \leftarrow S+(2n-1)=S+19$. 이를 변화만을 표시하는 도표로 나타내 보자.

n	1(초기치)	1	2	3	⋯	10
S의 변화	0(초기치)	+1	+3	+5	⋯	+19

그래서 인쇄될 $S=1+3+5+\cdots+19=\dfrac{(1+19)\cdot 10}{2}=100$이다.

Note : 위의 계산에서 등차수열의 합의 공식을 이용했다. 하지만 이 공식을 알고 있지 못하더라도, 여러분은 다음과 같이 그 합을 효율적으로 구할 수 있다. 실제로 나열해 보자.

$$S=1+3+5+7+9+11+13+15+17+19$$

이제 수를 더하되, 맨 처음 수와 마지막 수를, 두 번째 수와 마지막에서 두 번째 수를, 세 번째 수와 마지막에서 세 번째 수를, ⋯⋯. 그 결과는

$1+19=20,\ 3+17=20,\ 5+15=20,\ 7+13=20,\ 9+11=20$

따라서 S에는 20이 다섯 개 있기 때문에, $S=5\cdot 20=100$이다. 수학문제를 풀 때, 실제로 나열해 보고 유사성이나 관련성을 찾아보

는 것은 좋은 습관이다. 15쪽에서 시작하는 2.1절(수학의 기호는 약속)에서 언급했듯.

이 장에서 여러분은 수학 10가/나의 문제와 순서도의 문제를 풀며 3단계 8요소 접근법을 활용했다. 하지만 '3단계 8요소'는 말 그대로 요소만을 모아 놓은 것으로 여러분에게 **수학적 사고법**을 보여주려는 것이 주된 목적이었다. 실전문제를 풀다 보면 3단계 8요소보다 더 많은 것이 필요할 것이다. 여러분의 구미에 맞는 수학문제 풀이법을 더욱 개발해 가는 것은 여러분의 몫이다. 각 단원에 나타나는 기초지식을 차근차근 다져가며 스스로에게 가장 적절한 수학의 약도를 만들어 간다면, 남은 수학여행도 즐거운 여행이 될 것이다. 이제 맺음말로 가자.

제 6 장
맺음말

　사고력을 이야기하면 으레 수학이 일등공신이 된다. 아니, 많은 사람들이 그렇게 믿는다. 수학자로서 그 믿음에 고마움을 표해야 할 일이지만, 사실 고맙지 않다. 근거 없는 믿음 때문에 수학에 뒤처진 학생들에게 사고력이 모자라거나 논리력이 부족한 사람이라는 느낌이 들게 할 수 있기 때문이다. 한편, 국어나 영어 그리고 다른 과목은 못하더라도 수학만 살하면 머리 좋은 학생이라고 생각하는 경향이 있다. 이 생각 또한 반갑거나 고맙지 않다. 올바른 생각이 아닐 뿐 아니라, 수학 못지않게 국어, 특히 독서와 글짓기도 사고력 증진에 효과적이다. 독서를 통해 세상의 많은 일을 간접적으로나마 경험하고 자신의 생각을 글로 표현하는 것은, 사고를 정리하고 개발하는 필수적인 과정이기 때문이다.

이 책을 통한 나의 일차적인 바램은 '여러분이 이 책을 읽고 나서 수학에 자신감을 갖고서 도전하는 것'이다. 그러나 수학을 잘하는 것 못지않게 많은 것을 경험하라고 말하고 싶다. 폭넓은 문물을 경험하려면 여행이나 독서가 효율적이다. 하지만, 여행이나 독서가 가르쳐 줄 수 있는 것과 수학이 가르쳐줄 수 있는 것은 다르다. 국어와 영어가 가르쳐 주는 것이 다르고 역사·사회·과학 과목이 지향하는 것이 다르고 음악과 미술이 가르쳐 주는 것이 같을 수 없다. 많은 것을 경험하고 그 경험들이 여러분의 가슴 속에 지도에서처럼 조직적으로 구성될 때, 여러분은 살아가며 만나게 될 여러 가지 어려움을 능동적이고 효율적으로 대처하는 능력을 갖추게 될 것이다.

6.1 가슴에 그리는 3차원 지도

누구든지 밤하늘에 별이 초롱초롱한 것을 본 적이 있다. 그 무수한 별 중에 지구처럼 생물이 살 수 있는 별이 4만 광년 떨어진 곳에 있을 수 있단다. 빛이 일 초에 지구를 일곱 바퀴 반을 도는데, 그 빠른 빛이 4만 년을 달려가야 닿을 수 있는 곳에 무엇인가가 꿈틀거리고 있을 수 있단다. 그 꿈틀거리는 것이 무엇일지 모르지만, 우리에겐 그 별이 쓸모없는 별일 성 싶다. 가 볼 수 없기 때문이다. 하지만, 의문이 생긴다. 우주는 얼마나 넓을까? 별 뒤에 별이 있고 또 그 뒤에 별이 있고, 밤새 헤아려도 다 헤일 수 없는 별들을 가슴에 안고 있는 우주.

그런데, 만약 지구만 있고 다른 별이 없다면 우주는 넓게 보일까? 지구만 달랑 있는 우주가 정말 넓을까? 아닐 것이다. 특히 기준을 잡을 수 없어 얼마나 넓은지 알 수 없을 것이다. 이리저리 둘러보아 텅 비어 있으니 "넓긴 넓구나!"라 말할 수 있어도 정작 얼마나 넓은지 가늠하기 어려울 것이다. 무엇인가가 채워져 있기에 우주는 넓은 것이 되었다. 땅이 있고, 태양이 있고, 둘 사이의 교감을 전하는 노을이 있다. 밤하늘엔 달이 있고 별이 있어, 등불을 켜고 우주에 밤이 찾아왔다는 것을 알린다. 이 많은 것들이 우주를 넓게 만들어 놓았다. 그뿐 인가. 거울처럼 또 하나의 하늘을 여는 호수가 있어 우주는 더욱 넓게 보인다.

땅을 표현하는 지도는 평면에 그려진다. 하지만 우주를 표현하는 지도는 보통 삼차원 공간에 구성된다. 여러분이 이미 과학 전시관에서 보았듯이. 우주를 표현하는 삼차원 지도를 보며 태양계와 지구가 어디쯤 있다는 것을 알고, 우주의 크기에 대해 감탄했을 것이다. 그럼, 여러분의 마음의 지도는 어떤 모양인지 생각해 본 적이 있는가. 생각해 본 적이 있다면, 평면인가 아니면 삼차원인가. 그 지도가 삼차원이라면 거기에도 태양과 달과 별이 있는가.

여러분의 마음도 우주이다. 그 우주를 위해 여러분은 여러분의 가슴에 지도를 그려야 한다. 지도를 그릴 바엔 삼차원 지도였음 좋겠다. 실제 우주와 같은 모양을 가진 지도. 땅과 하늘과 노을이 있고, 태양과 달과 별이 번갈아 반짝이는 지도. 미래를 준비하고 설계한다는 말은 가슴에 삼차원 지도를 그리는 일이다. 지식을 쌓는 일은 땅에 집을 짓고 도로를 내는 일에 비유된다. 책을 읽고 교양을 쌓아가는 일은, 별을 하나하나 만들어가는 일이며, 가족이나 친구들과 함께 추억에 남을 즐겁고 유익한 시간을 보내는 것은 산과 강과 바다를 만드는 일이다.

마음의 지도는 여러분의 구미에 맞게 그릴 수 있다. 열권의 책을 읽고 그 지도에 열 개의 별을 매달 수 있고, 봉사활동에 참가한 뒤 아름다운 노을을 그려 넣을 수 있다. 학기가 끝날 때, 각각의 과목은 건물이나 도로의 모습으로 마음의 지도에 담고, 유익하고 감명 깊은 시간은 강과 호수로 그려 넣을 수 있다.

크고 작은 조각들을 지도에 그려 넣음으로써 여러분의 마음의 우주는 자란다. 텅 비어 있는 우주는 크다 할 수 없다. 우주가 큰 이유는 땅에는 건물과 도로와 산, 바다, 강이 있고, 하늘엔 해와 달과 많은 별들이 있기 때문이다. 여러분의 마음의 우주에도 찬란한 것들이 가득하길 바란다. 너무 많아 그 지도의 끝이 보이지 않을 정도로.

6.2 이 책의 근간을 이루는 교육이론

이 절은 이 책에 사용된 교육학적 이론의 근간을 표현하기 위함이다. 학생들은 이 절을 읽지 않고 그만 휴식을 취해도 좋다.

이 책을 쓰게 된 동기는, 수학에도 뭔가 그 나름대로의 체계적이고 현실감 있는 문제 접근방법이 있어야 한다는 필요성이었다. 특히 초·중·고등학생들에게는 시간을 효율적으로 사용하기 위해서 또는 수학의 깊은 이해를 위해서, 수학문제에 대한 효과적인 접근을 위한 새로운 시각이 필요하다. 무턱대고 많은 문제를 풀어보는 것보다 문제의 분석능력과 해결 실마리를 찾을 수 있는 눈을 기르는 쪽으로 훈련을 쌓아야 할 것이다. 선생님들은 새로운 교육방법으로 무장할 필요가 있고, 현실감 있는 수학 교육방법을 제시해야 할 때가 왔다. 이상적인 것은, 수학선생님의 강의는 문제풀이 대신 문제의 이해와 해결 실마리를 찾는 것을 돕는 쪽으로 초점이 맞추어져야 한다. 그러면, 수학문제를 직접 풀어보고 적절한 경험을 쌓고 사고력을 훈련하는 것은 학생들의 몫이다. 말을 물가에 몰고 갈 수 있을지언정, 물을 마시게 하기는 어렵다는 옛말이 있지 않던가.

　이 책에서 도입한 수학학습법은 *발견학습(discovery learning)*[2]에 바탕을 두고 개발되었다. 이 책은 수학문제를 효과적으로 푸는 법, 특히 문제 해결에 가장 중요한 요소들을 골라 모은 수학의 약도를 제시한다. 이러한 새로운 시도는 Ployа의 4단계 문제풀이법(이해, 계획 세우기, 계획의 실행, 재고)을 근간으로 하여 재구성되었음을 밝힌다[4]. 하지만, 이 책에서는 문제풀이를 3단계(이해, 실마리 찾기, 풀이이행)로 분할하고, 각 단계마다 요소들을 선택함에 있어서 수학 자체의 특성뿐 아니라, 운전이나 지도를 보는 것과 같은 일상으로부터 발견할 수 있는 원리를 도입했다.

수학문제가 어렵게 느껴지는 이유는, 그 문제를 이해 못해서이기도 하지만 문제 해결의 실마리를 찾지 못하기 때문인 경우가 더 많다. 선생님이 보여주는 문제풀이를 이해할 수 있었지만, 유사문제를 풀 수 없었던 것은 대부분의 경우 문제의 실마리를 찾지 못했기 때문이다. 실마리 찾기는 문제 해결의 가장 중요한 단계로서, 실마리는 대개 문제풀이의 과정까지 보게 해준다. 즉, 실마리를 찾는 순간 문제풀이의 계획이 동시에 완성되는 경우가 많다. 더욱이 실마리 없이 풀이의 계획을 세울 수 없다. Polya의 4단계 풀이법에서 계획을 세울 때 물론 실마리를 찾으려 노력하겠지만, 학생들에게 보다 현실적이고 절실한 것은 실마리찾기이다. 계획을 세우고 또는 세워가며 실마리를 찾으려 하는 것보다, 문제의 이해와 함께 실마리를 찾아 나서는 것이 더욱 능동적이고 적극적인 문제풀이 법이다. 사실, 실마리를 찾지 못하고 문제풀이의 계획을 세우기 어렵다. 선생님은 학생들의 실마리 찾기를 돕는데 강의의 초점을 맞춰야 하는 이유가 여기에 있다.

실마리는 문제의 해결에 대한 구성을 보여주고 계획을 세우게 하지만, 실마리가 문제를 실제적으로 풀기 시작하는 지점과 같을 필요는 없다. 문제풀이를 보거나 듣고 학생들이 문제의 실마리가 무엇인지 알 수 없다면, 그 풀이를 이해했을지라도 그 풀이의 다른 문제에의 활용은 거의 불가능한 일이 된다. 그래서 문제를 풀어줄 때나 답안지를 작성함에 있어서 문제의 실마리가 무엇인지 구체적으로 명시하는 것이 좋다. 이렇게 함으로서, 학생들의 수학공부가 즐거운 여행으로 탈바꿈할 수 있으리라 믿는다.

실마리 찾기의 중요성이 어찌 교육에서뿐 인가. 교수나 연구원들의 연구 활동에 있어서도 실마리 찾기는 가장 중요한 단계이며, 도서관이나 연구실의 깊은 밤을 밝히는 대부분의 시간이 실마리 찾기에 할당된다. 일단 실마리가 찾아지면 문제를 풀어가는 일만 남고, 이는 실마리를 찾는 일에 비교하면 쉬운 일이다. Polya의 문제풀이법의 마지막 단계인 재고(looking back)는 문제의 구성과 풀이과정의 보다 완벽한 이해와 응용을 위해 중요한 역할을 한다. 하지만, 능동적인 실마리 찾기를 통해 문제를 풀었다면, 재고는 따로 문제풀이의 한 단계로 삼을 만한 것은 못될 것이다. 실마리를 찾는 순간, 문제의 구성과 문제풀이의 계획이 동시에 감지되기 때문이다.

이 책에서 문제풀이를 3단계(이해, 실마리찾기, 풀이이행)로 분류하고 있는 것에 대해선 새로운 교육이론이라고 힘주어 말하기 힘들지만, 이런 분류로부터 수학의 약도를 만들려는 것은 새로운 시도라 하겠다. 교육이론의 역사를 뒤돌아보면, 새로운 시도는 늘 현실성과 활용성에 의해 더욱 갈고 닦여왔음을 알 수 있다. 내가 이 책에서 제시하고 있는 수학의 약도접근법에 대해서도 더욱 발전된 방향으로의 수정과 활용이 있길 기대해 본다.

참고문헌

1. M. Bramson and N. Levy, ARCO: SAT II Math, 10th Ed., Random House, Inc., New York, London, Singapore, Sydney, Toronto, 2002.
2. J. Bruner, The Process of Education, Harvard University Press, 1962.
3. C. Cocke, The Princeton Review: SAT Math Workout, 2nd Ed., Random House, Inc., New York, 2000.
4. G. Polya, How To Solve It, Princeton niversity Press, 1945.
5. J. Spaihts, The Princeton Review: Cracking the SAT Math Subject Tests, 2005-2006 Ed., Random House, Inc., New York, 2005.
6. The Staff of KAPLAN Educational Centers, APLAN: SAT Math Workout, 3rd Ed., Simon & Schuster, New York, London, Singapore, Sydney, Toronto, 2000.
7. 한국교육방송공사, EBS 수능특강 수리영역 수학 Ⅰ, 동아서적(주), 2007.

찾아보기

3단계 문제공략법	64
cos	127
Polya	163
SAT	36, 63
sin	127
tan	127
공통접선의 거리	119
근과 계수와의 관계	108
기하적인 문제들	75
길눈	29
나머지정리	105
대수적인 문제들	67
래디안	127
마음열음	12
문제이해	37
문제풀이의 3단계	34
미지수	37, 57
발견학습	163
변수	49
사고 중심의 풀이	64, 104
사고력	13
사다리꼴	78
삼각함수	126
삼각합동법	128
소수(小數)	24
소수(素數)	24
소인수분해	25
수학눈	9, 10
수학의 약도	8
수학적 사고법	158
순서도	134
식변형	51
실마리찾기	42
알고리즘	134
약수의 개수	26
완전제곱수	21
완전제곱식	57
원의 방정식	118
유사성	47
이차방정식	108
이차부등식	110
이차함수	112
자료	38
정의	45
조건	37
직선의 방정식	115
최댓값	112
최솟값	112
판별식(discriminant)	110
팔괘도	57
표준형	46
풀이이행	48
피타고라스 정리	50, 79, 119
해결 실마리	10

■ 저자 소개

김성재

서울대학교 수학과 학사 · 석사
Purdue University 수학박사

Rice University 연구원
Shell 석유회사 연구원
시인(詩人)
University of Kentucky 수학과 조교수
현, Mississippi State University 수학과 부교수

환경오염, 석유개발, 영상처리, 나노기술 분야에 60여 편의 논문 발표
수학교육학습법 연구

저서: 〈수학의 약도〉, 〈High-Five 수학〉

수학의 약도

초판발행 / 2008년 7월 10일

저　　자 / 김성재
편　　집 / 김희진
펴 낸 이 / 권숙란
펴 낸 곳 / (주)수학사랑

주　　소 / 121-250
　　　　　서울시 마포구 성산동 51-12 법정빌딩 3층
전　　화 / 02.332.6571　팩　　스 / 02.335.7653

http://www.mathlove.co.kr
e-mail : mathlove@mathlove.com

ISBN 978-89-87799-70-4